JN034049

製品化
5つの壁の
越え方

自社オリジナル製品を作るための教科書

小田 淳 [著]

日科技連

はじめに

　2016 年にソニーを退職した筆者は、しばらくの間、自社のアイデアや技術の製品化にチャレンジするベンチャー企業を訪問していた。ベンチャー企業が、どのような悩みや課題を抱えているかを知り、自分自身のコンサルタントの仕事に役立てるためであった。

　しかし、その見聞きした現実に筆者はかなりの衝撃を受けた。部品コストが高くなりすぎ、いくら売れても損をしてしまう企業、ユーザーに製品が届いたときにはギアが外れていて、修理品を多く抱えてしまった企業、設計製造委託先の製品設計のスキルが低く、最終的に製品ができなかった企業など、多くのベンチャー企業が製品化で問題を抱えていたのである。そしてさらに話を深掘りしたところ、どの企業も**製品化に必須の基本知識**を知らなかったことが原因だったことがわかった。

　本書は、モノづくりベンチャー企業が試作から先に進めない、生産開始後に問題が発生するといったことにより、多額の費用と多くの時間を無駄使いしてしまわないために、製品化に必須の基本知識を解説したものである。ここでいう製品化とは、**市場で販売する製品を設計する**ことをさしている。BtoB、BtoC のどちらでもかまわない。市場で販売せず、数個を 1 回きりで作る治具や装置、展示品などの設計ではない。

　製品化をめざすモノづくりベンチャー企業や、製造業に業務システムを導入する SaaS（Software as a Service）企業が、より適切に製品の企画をして設計を進めることができるように、基本的な製品設計の知識と製造業の仕組を解説する。製品を設計する設計者は、どんなことに配慮しながら設計をしているか、また一緒に協力して仕事をする人や企業はどんな相手か、またこれらの製造業の抱える課題と理想の未来を考察する。

　一般の電気製品を設計するには、主に電気設計者と機構設計者、そしてソフトウェア設計者の 3 つのカテゴリーの設計者がかかわる。筆者は前職で機構設計をしていたため、本書は機構設計にかかわる内容を中心に書いている。日本の製造業の強みはこの機構設計にかかわるところが多く、製造業の仕組みも機

構部品にかかわる企業を例にとると理解やすいと考えている。

　また中国の話が、日本企業や日本人の対比としてよく登場する。これは、筆者が中国に駐在し、発展が目覚ましい中国の製造業を目の当たりにして、中国企業と中国人の仕事の仕方を日本と対比させると、日本の長所と短所がよく理解できることがわかったからである。

　製品を初めて作る企業や個人が、設計を始める最初の一歩として、また製造業にかかわる SaaS 企業が、製造業の仕組みを知るための基礎知識として、本書を読んでいただければ幸いである。

　本書の執筆にあたり、筆者が前職で担当していた製品の設計リーダーで今は定年退職されている金子昭夫氏、元ソニー企画マネージャーで現在は㈱プリミス代表取締役の白神敬太氏、キャッシュフローコーチで現在合同会社しくみLab 代表の田中孝男氏、中国の樹脂成形メーカーである上海汇阳实业有限公司の副総経理の蔡瑛氏には、多大なご協力をいただいた。ここに、感謝を申し上げる。

2023 年 5 月

小田　淳

本書の用語

　本書をよりわかりやすく読んでいただくために、本書における主な用語を以下の表にまとめた。ご参照いただきたい。

(1)　製造業の3つのメーカー

用語	意味	例
設計メーカー	製品を企画・設計し、設計データ（3D/2Dデータ、2D図面）を作成する企業	ソニー、トヨタなど
部品メーカー	設計メーカーから設計データを受け取り、試作部品を作ったり量産部品を生産したりする企業	町工場ともいわれる
組立メーカー	部品メーカーから部品を購入して、製品を組み立てる企業	設計メーカーの系列企業、フォックスコンなど

　通常、設計メーカーと組立メーカーという呼び方はせず、部品メーカーも合わせて製造業と一括りで呼ばれる。本書では理解を深めていただくために、このような呼び方にした（図1）。

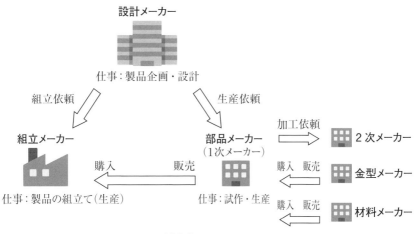

図1　製造業の3つのメーカー

(2) その他の用語

用語	意味
製品	組立メーカーで生産されユーザーの手に渡るもの
試作セット	製品になる前の、設計過程で検証(試験など)用に作製するもの
金型部品	金型で作製した部品
手作り部品	金型を用いないで作製した部品
設計者	設計メーカーで、設計データを作成する技術者
品質管理の担当者	• 設計メーカーで、設計品質を管理する担当者 • 組立メーカーで、製品の量産品質を管理する担当者 • 部品メーカーで、部品の量産品質を管理する担当者
製造技術の担当者	• 組立メーカーで、製品を正しく効率的に組み立てられるようにする担当者 • 部品メーカーで、部品を正しく効率的に製造できるようにする担当者

製品化　5つの壁の越え方
自社オリジナル製品を作るための教科書

目　次

第 8 章　量産品質を維持して生産する………127

第 9 章　DXとこれからのモノづくり………151

第10章　日本のモノづくりの課題とこれから………159

装丁・本文デザイン = さおとめの事務所

第1章

自社オリジナル製品を
設計できるメーカーになる

1.1 「創りたい市場」が成功の鍵

1.1.1 創りたい市場＝パーパス＋ビジョン

　企業が製品を市場に出すには、さまざまな壁を超えなければならない。例えば、ベンチャー企業が大学の研究室と協業して製品化するときには、すでに使う技術は決まっているため、この場合の第一の壁は、この技術をどのような製品にして世に出すのかを決めることである。市場ではどのような製品が必要とされ、受け入れられるのであろうか。

　昨今、パーパス経営という言葉がトレンドである。英語の授業ではパーパス（Purpose）を「目的」という意味で勉強した人が多いと思うが、類似した意味として「志」がある。パーパス経営といった場合には、後者の「志」と理解したほうがわかりやすく、企業の存在意義のようなものと考えればよい。筆者は、**企業が社会に対してどのような幸せを与えるか**と理解している。

　パーパス経営に関連して、ビジョン（Vison）とミッション（Mission）という言葉もよく耳にする。ビジョンは視覚的な意味を持つため、パーパスを達成した**理想の姿や光景**と考えればよい。そしてミッションは、ビジョンを作るために**実行すべきこと**である。3つの言葉を合わせて一文にすると「**パーパスを満足するビジョンを創るためにミッションを実行する**」となる（図1.1）。

　製品化においても、このパーパス・ミッション・ビジョンの考えはとても重要である。パーパスは企業の存在意義のような意味合いを持ち視覚的ではないため、具現化された製品を考える場合には、パーパスとビジョンを合わせたほうが考えやすい。筆者はこの合わせたものを「**創りたい市場**」といっている（図1.2）。

　そして、その「創りたい市場」の中にミッションを入れ、さらにその中にこれから設計する製品を入れる。製品の設計を開始する前には、この3つの輪を大きい輪から順に考えていくとよい。

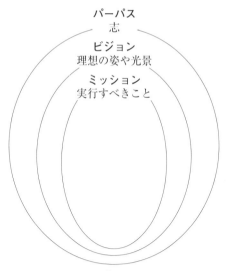

図1.1　パーパス、ビジョン、ミッションの関係

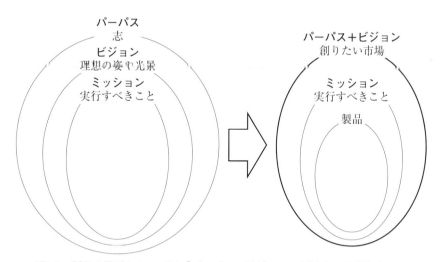

図1.2　製品の設計においては「パーパス＋ビジョン＝創りたい市場」となる

1.1.2 「創りたい市場」が明確なアップル製品

　世界的に成功した製品、iPhone を例にこの3つの輪(パーパス、ビジョン、ミッション)について考えてみる。

　1990年代の前半までは、音楽は自宅にある CD プレーヤーとアンプ、スピーカーで聞くのが当たり前の時代であった。これらが一体化したミニコンポもあった。インターネットは、遅いながらも電話回線を使って自宅のパーソナルコンピューターで使用していた。電話は、受話器のついた自宅の電話機を使っていた。何もかも、自宅にいなければできなかったのである。そこで、スティーブ・ジョブズは、次のように考えた。これらの3つを一緒にして「**野外や自宅以外の場所に持ち出す便利さ**」を市場に提供できないか。そして次に、そのためには「**それぞれを小型化し一体化したハンディサイズの製品**」にすればよい。

　iPhone が誕生する数年前には、すでにウォークマン、i-mode(NTT ドコモの携帯電話でメールの送受信やウェブページ閲覧などができる世界初の携帯電話 IP 接続サービス)、開閉式の携帯電話は存在していた。よって、これら3つを一体化しより小さくすればよいとジョブズは考えたのである。そして、iPhone が登場することになる(図1.3)。

　ここでこれらを3つの輪にすると、「野外や自宅以外の場所に持ち出す便利

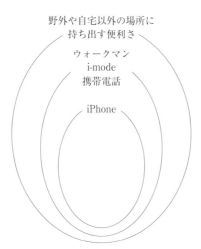

図1.3　iPhone の「創りたい市場」と「ミッション」と「製品」

さ」がパーパス＋ビジョンの「創りたい市場」になる。そして、「それぞれを小型化し一体化したハンディサイズの製品＝ウォークマン＋ i-mode ＋携帯電話」がミッションになり、中心に製品の iPhone がくる。

　アップルは、iPod touch と iPod shuffle も同じ3つの輪の発想で誕生させている。iPod が誕生する前に、すでにソニーから50曲くらいが入る小型のメモリー式音楽プレーヤーが発売されていた。しかし、1時間くらいの電車通勤で使用して50曲しか入らないと、1週間くらいで同じ曲に飽きてしまい、毎週曲の入れ替えが必要になる。だが、自宅のパーソナルコンピューターに接続し、その中の数100曲の中から50曲を選び出し音楽プレーヤーに入れる作業は面倒であった。

　そこでアップルは考えた。1,000曲くらいが全部 iPod に入ってしまえば、曲の入れ替えは必要なくなる。そうして誕生したのが iPod touch であった。「創りたい市場」は、「**曲の入れ替えという面倒な作業のない便利さ**」であった。

　iPod touch は大ヒットとなったが、サイズがやや大きい。持ち歩くには、もっと小さいサイズがよい。しかし、小さくすると曲数が限られる。そこでアップルは考えた。パーソナルコンピューターでの曲の入れ替えが面倒なら、パーソナルコンピューター内の曲を自動的に選ぶ機能をつければよい。そこで誕生したのが、iPod shuffle であった。「創りたい市場」は、「**曲を選択する面倒な作業をなくす便利さ**」である。両者とも、「創りたい市場」が明確であることがわかる。

1.1.3　技術先行の日本製品

　自社製品を作ろうとしているベンチャー企業は、**技術先行**の場合が多い。ベンチャー企業は大学の研究室などと協業し、その研究成果を製品化しようとするからである。技術は「創りたい市場」を達成するための手段であり、ミッションに当たる。しかし、ミッションに周りの人はなかなか共感しない。周りの人とは、顧客や投資家、もしくは仕事仲間、協力企業のことである。これでは製品はできず、たとえできたとしても売れることはない。

　製品が世の中にまだ十分に普及していなかった時代では、新しい製品はどんどん売れ、たとえ「創りたい市場」のない技術先行の製品であってもよく売れた。結果的に、この技術先行が日本の製品作りの根本的な発想になっていった。

　テレビを例に取ると、1957年に白黒テレビが発売されてから、次にカラー

テレビが続き、その次にビデオと一体型のテレビが発売された。その後、フラットテレビがブームになり、次にハイビジョン放送とデジタル放送が開始され、液晶テレビがでてきた。新しい技術が出ると新しい製品が生まれ、誰もがその新しい技術に惹かれて新製品を買っていった。

しかし現代は、多くのメーカーの技術は均衡し、多くの似たような製品が市場に溢れ、顧客はWebで多くのメーカーから製品を選択できるようになった。すると、顧客から共感を得て購入してもらうことが必要となり、メーカーは製品に対する「創りたい市場」を明確にしなければならなくなってきたのである。しかし、日本の製品を作る人の頭の中には技術先行が根底にあり、顧客から「創りたい市場」の共感を得るという考えが少ないのである。これが、ベンチャー企業が製品化でつまずく原因の1つとなっている。

さらに現代の企業は、SDGsやカーボンニュートラルの取組みも必要である。企業の存在意義や社会での役割を、パーパスやビジョンで明確にすることが強く求められてきているため、「創りたい市場」の発想がより重要となってきているといえる。

1.1.4　「創りたい市場」が明確なプラハの交通機関

筆者は、2022年の9月末にプラハに旅行に行った。プラハ市内には、バスと地下鉄に加え、もっとも便利な市民の足として路面電車のトラムがある。目的地までの1枚のチケットで、時間制限内であればこれら3つの乗り物を自由に乗り降りできる。乗り換えの必要な遠方に行くとき、またトラムで市内の2カ所以上の場所に立ち寄りたい場合にはとても便利である。「1枚のチケットで自由に街中を移動、乗り降りできる便利さ」という「創りたい市場」が明確になっている。

最近は日本でもスイカでバスや地下鉄も乗車できるが、個々の乗り物と乗車区間に応じて確実に料金は徴収される。個々の企業が確実に収益を得ることを重視しており、「創りたい市場」の発想は希薄である。

1.1.5　あと付けでも成功する「創りたい市場」

技術先行で設計を開始した製品でも、「創りたい市場」をあと付けすることによって成功することができる。その有名な例として、日清食品のカップヌードルがある。

　1966 年当時、日清食品には、「チキンラーメン」や「出前一丁」などの人気商品があった。日清食品は、これを欧米で販売したいと考え、欧米にチキンラーメンを持ち込んだ。欧米にはどんぶりもお箸もなかったので、紙コップに麺を割って入れ、お箸の代わりのフォークで食べたところ、その評判はとてもよく、そこから発想を得た日清食品の創業者の安藤百福は、カップヌードルを開発することになったのである^[1]。

　その後、熱湯が入っていても手に持てるカップや、注いだ熱湯で食べられるまでほぐれる麺の揚げ方や具材の作り方などの技術的な問題を 1 つずつ解決し、ようやくカップヌードルができあがった。

　以下、百福の妻、安藤仁子をヒロインのモデルにした日本放送協会（NHK）連続テレビ小説「まんぷく」（脚本・福田靖）^[2]を参考に解説する。「まんぷく」はフィクションであるため、完全にこのとおりではなかったかもしれないが、以下のエピソードはよく知られている。

　発売当初、カップヌードルはまったく売れなかった。「なぜ、この素晴らしい技術に人々は飛びつかないのか？」と百福（ドラマでの役名は立花萬平）の妻である安藤仁子（役名は立花福子）はその理由を考えに考えた。そしてあるとき、自分達に「創りたい市場」の発想がないことに気づいたのである。

　「自分達はカップヌードルを市場に出して何をしたいのか、どんな市場を作ろうとしているのか？人々は素晴らしい技術がほしいのではない」

　ちょうどそのとき安藤仁子は、銀座の歩行者天国で若者が食べ歩きしている光景がテレビで放映されていたのを思い出した。「もしかしたら、歩きながらラーメンを食べるのは、これからの若者の新しいスタイルになるのではないか」と考えたのである。

　その後、「外で歩きながらラーメンを食べる楽しさ」という「創りたい市場」の発想をもって歩行者天国で試食販売をしたところ、大人気となった（図 1.4）。さらに、そのあとのあさま山荘事件で凍える機動隊がカップヌードルを食べる光景がテレビに映し出され、その人気に拍車をかけたのである。

　このように、最初は技術先行であっても「創りたい市場」をあと付けすることによって成功できる。大切なことは、「創りたい市場」がなければ、周りの人は付いて来ず、結果的に製品は売れないということである。

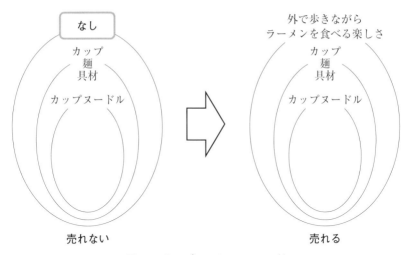

図1.4 カップヌードルの3つの輪

1.1.6 「創りたい市場」がない製品の末路

「創りたい市場」がないと製品が売れないだけではなく、製品化が途中で止まってしまう場合もある。「創りたい市場」は、製品を市場に出し成功するには不可欠であり、これがないと次のようなことに陥ってしまう。

《「創りたい市場」がない場合の弊害》
1) 人や企業から協力を得られない。
2) 外装デザインができない。
3) 部品コストが決まらず、販売価格が決まらない。
4) 統一感のない製品になる。
5) 設計者のモチベーションが下がる。

---

(1) 人や企業から協力を得られない

製品を作るにはとても多くの協力が必要である。同じ製品の設計者仲間はもちろんのこと、購買・品質管理・製造などの関連部署の担当者、部品メーカーなど社外の協力企業もある。またベンチャー企業は、ベンチャーキャピタルからの資金調達が必要な場合が多い。

これらの人たちや企業から快く協力を得るためには、「創りたい市場」を伝

え共感を得ることが大切なのである。

(2)　外装デザインができない

　「創りたい市場」がないと、外装デザインができない。製品の外装デザインは**プロダクトデザイン**と呼ばれる。

　プロダクトデザイナーには、「創りたい市場」にもとづいた製品の使われる環境や人が使っている状態のイメージを伝える必要がある。先ほどのカップヌードルでいうと「若者で賑わっている野外で、カップヌードルを片手に持ち、もう片手にはお箸を持って、楽しそうに歩きながら食べている」というイメージを伝えることによって、カップのサイズや形状などがデザインされる。もちろん、1食分の麺の量や製造可能なカップの形状などの機能的な内容も加わるため、プロダクトデザイナーと設計者のすり合わせは必要である。

　技術的な内容である「熱湯の入ったカップに、ほぐれる麺と具材が入っている」という言葉だけを伝えても、プロダクトデザイナーは外装デザインを作成できない。

(3)　部品コストが決まらず、販売価格が決まらない

　「創りたい市場」がないということは、**ターゲットユーザー**が決まっていないということである。ターゲットユーザーが決まらないと、販売数が決まらないと同時に生産数が決まらない。部品コストには生産数が大きく影響するので、販売価格も決まらないことになる。これでは事業は始められない。製品設計がすべて完了し、これから生産が始まる段階になって、採算が合わないというベンチャー企業が多くある。「創りたい市場」の発想がなかったために、部品コストを考えないで設計を進めてしまったことが原因の1つであろう。

(4)　統一感のない製品になる

　「創りたい市場」がないと設計者のベクトルはそろわず、製品にもその影響が出てくる。

　例えば、とても軽量なモーターが開発され、業界最軽量の掃除機を製品化しようとしたとする。機構担当者は、自動車の中を手軽に掃除きることをイメージし、充電バッテリー搭載のコードレス掃除機を想定して製品設計を進めた。一方、電気担当者は家庭での高所を手軽に掃除ができることをイメージして、

電源コード付きの電気回路を設計してしまった。

　極端な例ではあるが、このようにまったく違う方向を向いて製品設計を進めてしまうと、統一感のないちぐはぐな製品になってしまうのである。

⑸　設計者のモチベーションが下がる

　設計期間中に競合他社が類似の製品を発売するなど、市場の動向が大きく変化する兆しが見えてきたときに、そのままの製品仕様で設計を続けるか、製品企画を見直すべきかの判断がつかない。このような状況で設計を続けると、設計者のモチベーションは大きく下がり、結果的に良い製品はできない。

1.2　イノベーションを起こす 3 つの発想

　イノベーションの起こし方や考え方については、さまざまな内容が語られている。それらの中から、製品設計の起点である「創りたい市場」の発想、製品企画の作成、製品設計の 3 つのステップにおけるノベーションの大切な考え方を解説する。

《3 つのステップでのイノベーション（図 1.6、p.12）》
1)　「創りたい市場」を発想するステップ～やりたいことをする。
2)　製品企画を作成するステップ～点と点をつなぐ。
3)　製品設計をするステップ～回数をこなす。

1.2.1　「創りたい市場」を発想するステップ～やりたいことをする

　堀江貴文ことホリエモンが、講演会で参加者からの「これからどんなものがヒットしますか？」という質問に対して、次のように答えていたのをテレビで観たことがある。

「やりたいことすればいいんじゃないの」

　一見すると突き放しているように聞こえるが、実はこれは真実を語っている。新しいビジネスに関しては、多くの人が同じようなことを考えている。よって、人から教えてもらってからそのビジネスを始めているようでは、絶対にトップランナーにはなれないということなのである。考えれば、当たり前で

ある。

　また、たとえやりたいことを思いついても、そのあとに何もしなければイノベーションは起こらない。カップヌードルの例では、「カップヌードルは、外で歩きながらラーメンを食べるこれからの若者の新しいスタイル」であることを試食や広告で広めたことによってイノベーションを起こすことができた。ソニーのウォークマンも「ウォークマンで音楽を聴きながらスケートボードに乗るのが、これからの若者が新しい音楽の聴き方」と周りを巻き込みながらブームをしかけたのであった。

1.2.2　製品企画を作成するステップ〜点と点をつなぐ

　製品企画の元になる発想は、どのようにして生まれるのであろうか。2005年、スティーブ・ジョブズがスタンフォード大学の卒業式に招かれたときの演説[3] が有名である。

《スティーブ・ジョブズの演説の一部》

You can't connect the dots looking forwards, you can only connect them looking backwards.

将来を見越して、点と点を結び付けることはできない。あとに振り返って見たときに点と点をつなぐことができる。

　新たな発想は、過去の経験の組合せから生まれる。今、目の前にあるものだけに囚われてしまうと、発想は狭まく偏ったものとなり、イノベーティブな発想はなかなか生まれてこない。そこで、スティーブ・ジョブズは「過去の経験（点）を結びつけることが大切」と言っているのである。過去だけでなく、別のモノやカテゴリーから発想を得ることも大切である。

　このような新たな発想を生み出すツールに、ブレインストーミングがある。ブレインストーミングを直訳すると、「脳内に嵐を起こす」となる。一般的には「参加者の提案に対して反対意見は言わない」がブレインストーミングの事前の約束ごとである。しかし、筆者が以前研修で行ったブレインストーミングはやり方が大きく異なった。それは次のようなものである。

　2〜5人の複数のグループを作り、グループ内で1人10秒ほどの制限時間で順にどんどん案を出し合う。10秒ほどしかない中での案出しなので、連想

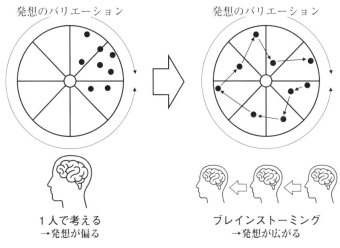

発想のバリエーション　　　　発想のバリエーション

1 人で考える　　　　　　　ブレインストーミング
→発想が偏る　　　　　　　→発想が広がる

図1.5　ブレインストーミングの概念図

ゲームのように前の人の案に似通った案になってしまうことが多い。しかし、これを続けていくうちにだんだんと最初に出てきた案とはまったくかけ離れた案が生まれてくるのである（図1.5）。

1 つのグループで少なくとも 100 個以上の案が出た段階で終了とし、そのあと案を整理する。絶対にあり得ない案は削除し、類似した案はひとまとめにする。すると、通常の会議などでは絶対に得られないような斬新な発想が生まれてきているのである。発想に行き詰まったときには、是非試してほしい。スティーブ・ジョブズのいう「点」を見つけ出す 1 つの手法である。

筆者は、設計中に発想で行き詰まったときには社内をぶらぶらと歩き、他部署にある分解された試作セットや、置いてある測定器などの他社の製品をよく見て回っていた。それらを自分の設計内容と結び付けることによって、新たな発想が生まれることがあるからだ。また、他部署の設計者に悩んでいる設計内容の話をすると、そこから解決のヒントが得られることもある。簡易版のブレインストーミングである。

1.2.3　製品設計をするステップ〜回数をこなす

以前、㈱ユーグレナの社長である出雲充氏の講演を聞いたことがある。製品ができたばかりの頃、多くの企業の食品部門に新食材としてミドリムシを提案

したが、その反応は悪く、まったく採用されなかった。その後、500 社ほどを訪問した結果、ついに伊藤忠商事の食品部門が新しい食材として採用してくれた。すると、これまで断っていた企業もこぞって採用させてほしいと申し出てきたとのことだった。

　ここで出雲充氏が身にしみて感じたことは、「チャレンジする回数」が成功には大切であるということだった。その後、青色ダイオードでノーベル賞を受賞した天野浩氏との対談がありその話をしたところ、「私は 1,500 回、同じ試験を繰り返した」と言われたとのことであった。

　筆者も設計をしていると、同じようなことをよく思う。どうしても良い発想が生まれず設計は行き詰まり始め、時間はどんどん経過していく。ところが、あまり焦ることはない。それは、検討を何回も繰り返していけば、いつかは必ず正解が見つかることがわかっているからである。成功は回数が解決してくれるので、失敗は気にならない。

1.2.4　まとめ

　イノベーションは、このように多くのステップで起こすことができる。これら 3 つの発想(図 1.6)は、是非とも念頭に入れておきたい。

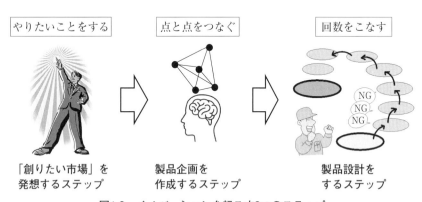

やりたいことをする	点と点をつなぐ	回数をこなす
「創りたい市場」を発想するステップ	製品企画を作成するステップ	製品設計をするステップ

図1.6　イノベーションを起こす3つのステップ

第2章

製品企画と設計構想を考える

2.1 製品企画・設計構想で計画を立てる

　市場で販売する製品の設計を始める前に、製品企画を立てる必要がある。ここで「市場で販売する」と断っているのは、治具や装置などのように指定された製品仕様で特定のユーザー向けに作る製品では、製品企画の考え方が異なるからである。ここでは、不特定多数のユーザーがいる一般の市場で販売する製品の企画に関して解説する。

　製品企画を行ったあとには、設計構想を行う。この2つの違いは、製品企画が「どのようなモノを作りたいか」であるのに対し、設計構想は「どのようにモノを作れるか」である。製品企画の担当者は、「創りたい市場」を考えたうえで製品企画を提案する。そして設計者は、その提案された製品企画を具現化するためにはどうすればよいかを、設計構想で具体化する。3つの円で考えれば図2.1のようになる。

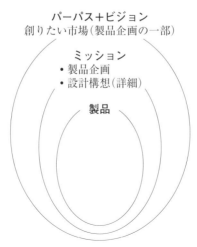

図2.1　3つの輪において、「ミッション＝製品企画＋設計構想(詳細)」となる

2.1.1　製品企画の内容

　製品企画の主な内容は次のとおりである。

《製品企画の内容》

1)　創りたい市場
2)　市場調査
3)　ターゲットユーザーと販売予測
4)　ユーザーメリット
5)　製品仕様 → 詳細は設計構想
6)　外装デザインのイメージ → 詳細は設計構想
7)　ビジネスモデル
8)　販売価格 → 詳細内訳は設計構想
9)　日程 → 詳細は設計構想
10)　投資回収計画
11)　設計メンバー、生産拠点、販売地域、販売ルート、取得法規制など

(1)　創りたい市場

　「このような便利な社会にする」「このような社会問題を解決する」など、どのような市場を作り、ユーザーにどのような幸せを与えたいかである。

　前者の「便利な社会」の例としては、発言者の顔を瞬時に映し出し、Web会議をスムーズに進行することができるWeb会議カメラがある。後者の「社会問題を解決」の例としては、簡単にどこにでも設置でき、誰もが太陽から電気を作ることによってエネルギー問題を解決できるハンディ型太陽光パネルがある。

　これらの製品化を効率良く進めるために、製品企画ではなるべくビジュアル化しやすい言葉で表現するのがよい。よって、製品企画書にはイラストを描いたものがあるとよりわかりやすい。このあとの設計構想では製品設計を行うための詳細な計画を立てることになるため、製品企画の要望を設計者により明確に伝える必要がある。それには、内容の伝わりやすい製品企画書が必要なのである。また、プロダクトデザイナーへの依頼でもビジュアルにうったえる表現がとても重要になる。

(2) 市場調査

現在の市場がどうなっているかを調査する必要がある。Web 会議カメラの例では、競合調査を行った結果、Web 会議で出席している人全員を映し出すことができる製品しかなければ、発言者の顔を瞬時に写し出せることを強くアピールできる製品を企画することができる。

ハンディ型太陽光パネルの例でいえば、キャンプで使用する製品がすでにあれば、非常用に特化した製品を企画することが考えられる。

(3) ターゲットユーザーと販売予測

製品を使用するターゲットユーザー(年齢や嗜好など)とその市場規模の予測である。Web 会議カメラの場合では、使用してもらえる企業数や会議室の数、さらにレンタル会議室の数も含める必要があるかもしれない。

ハンディ型太陽光パネルでは、世帯数となるであろう。競合調査の結果を踏まえ、このあと**目標とするシェア**を何%にするかを決める。コロナの影響で市場規模に増減があると想定するならば、その増減も視野に入れ販売予測を考える必要がある。

(4) ユーザーメリット

この製品でユーザーにどのようなメリットを与えるかである。Web 会議カメラでは、Web 会議での発言者とその表情がよくわかるようになるという**定性的**なメリットと、「誰が話していますか?」などの質問が減り会議が5%早くなるという**定量的**なメリットがある。

これらのメリットにより、社内の意思疎通が向上して、仕事を効率よく進められるようになったなど、使用者にとっての利点を**ユーザーベネフィット**という。

(5) 製品仕様

製品仕様は一番大切な項目である。これについては 2.2 節「製品仕様を決める」で説明する。

(6) 外装デザインのイメージ

製品企画の時点では、外装デザインはまだ決まってはいない。外装デザイン

は、製品企画のビジュアル化された「創りたい市場」に併わせて、部品コストや販売台数によっても外装部品を樹脂にするか板金にするかなどが決まってくる。

外装デザインの一部の色や形状など、製品企画の時点から特に強い要望があるものは、最初から決めておく。

(7)　ビジネスモデル

どのようにして収益を得るかを決める必要がある。

例えば、Web 会議カメラを単に企業に販売するだけではなく、レンタル会議室を運営する企業に対しては、機器をレンタルして使用された時間だけ課金する方法もある。

現在のプリンターのように交換インクで収益を得る方法や、警備会社のセコム㈱のようにカメラやレコーダーの製品で収益を得るのではなく、常時見守るというサービスで収益を得る方法もある。

モノの販売だけでなく、併せてサービス（コト）も付加価値に加えて収益を上げる「モノからコトへ」の発想が重要視される昨今では、このようなアイデアも考えたい。

(8)　販売価格

ビジネスモデルをどのように考えるかによって異なってくるが、基本的な内容は 2.4 節「製品の販売価格の構成要素」で解説する。

(9)　日程

製品企画の段階の日程で一番大切なイベントは、設計開始日と製品発表日、発売日である。また、試作セットを披露する展示会なども大切である。設計開始日は、製品企画が完了した 2 〜 4 週間後と考えればよい。もちろん、製品の難易度や規模によって異なる。

発売日については、テレビなどは年末商戦があるので、12 月上旬にしたい。また展示会があれば、その時期に合わせて試作セットを作りたい。

(10)　投資回収計画

製品を生産するまでに**投資した費用**は、製品を販売することによって回収し

なければならない。設計行為にかかった費用、作製した金型や設備、カタログ作成などの費用である。売上の計画をたて、生産後のどの時期から回収できるかの投資回収計画を立てる必要がある。具体的な費用の詳細は、2.4節「製品の販売価格の構成要素」を参照してほしい。

⑾ 製品企画の項目の体系

「市場調査」をもとに「創りたい市場」を考える。その中身である「ターゲットユーザー」と「ユーザーメリット」を決めることによって、「製品仕様」と「外装デザインのイメージ」を決める。前述の《製品企画の内容》(p.14)の1)～6)までがどのような製品を作るかの項目である。

そして、販売予測から目標とするシェアを決めれば生産数と生産年数が決まり、それと「ビジネスモデル」を合わせて「販売価格」を決める。これら《製品企画の内容》の3)、7)、8)が、製品をユーザーにどう販売するかである。

あとは、製品を市場にタイミングよく出すために「日程」や「設計メンバーなど」を決め、出費した費用どう回収するかの「投資回収計画」を決める。これら《製品企画の内容》の9)～11)が製品をどう作るかとなる(図2.2)。製品企画でどこまで詳細に決めるかは、創りたい市場を達成するために最低限必要な内容までと考えればよい。

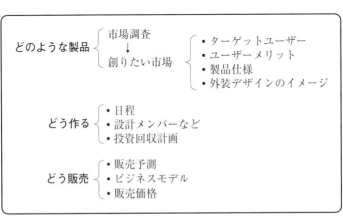

図2.2 製品企画の項目の体系

2.1.2　設計構想の内容

　製品企画が完了すると、設計者は製品設計の計画である設計構想を考える。設計構想は製品企画の内容を具現化するための方法を、現実的な視点から具体的かつ詳細に決める。**製品仕様と日程、販売価格の中の部品コストが主な内容**である。これらについては、2.2 〜 2.4 節でそれぞれを説明する。

　外装デザインは、製品企画の完了後に依頼する。外装デザインの作成には専門のスキルが必要なので、社内の別部署や外部企業に依頼する。外装デザインは設計構想が完了するまでには完成させておきたい。外装デザインは製品仕様の一部でもあるため、2.2 節「製品仕様を決める」で詳細に解説する。

　製品企画の「どのようなモノを作りたいか」に対し、設計構想は「どのようにモノを作れるか」である。

2.1.3　設計チャレンジで技術力を向上

　設計構想では、別途設計チャレンジの内容を追加してほしい。「設計チャレンジ」という言葉は、筆者が理解してもらいやすいため作った言葉であり、設計者もしくは設計メーカーが、技術力を向上させるために必要な項目である。

　簡単な例をあげると、ある製品の組立てにこれまでは 20 本のビスを使用していたものを、新しい製品では技術的な工夫を凝らすことによって 10 本にしてコストダウンを図るというようなことである。設計者のこだわりのようなものであり、決して製品企画の内容を逸脱することはあってはならない。あくまで、製品企画の内容を満足する範囲で行うことが大切である。

　これ以外にも、コストがかかる樹脂の塗装をなくして着色した樹脂を使用するなどがある。このような場合は、設計メーカーの技術力の向上だけではなく、樹脂の材料メーカーと成形メーカー／金型メーカーの技術力向上にもつながる。

　設計チャレンジは、製造業にかかわるメーカーと技術者自身の技術レベルの向上となり、その蓄積が設計財産になる。また、設計がマンネリ化してきたときに、設計者のモチベーションを向上させることにも役立つ。

2.2　製品仕様を決める

　ここからは、製品企画と設計構想の中の重要な 3 項目である、「製品仕様」と「日程」「販売価格」を順に説明していく。3 項目の 3 つの輪の中の位置付け

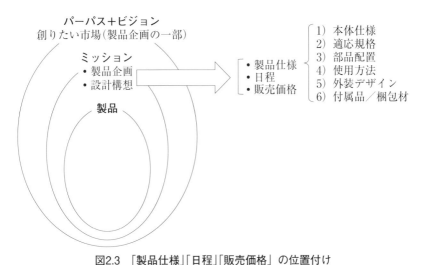

図2.3 「製品仕様」「日程」「販売価格」の位置付け

は図 2.3 のようになる。

製品仕様には、次の項目がある。

《製品仕様の項目》

1) 本体仕様

2) 適応規格

3) 部品配置

4) 使用方法

5) 外装デザイン

6) 付属品／梱包材

2.2.1 本体仕様

「製品仕様」という用語の中の製品とは、製品本体が梱包されたカートンの状態をさす(図2.4)。つまり、製品本体と他の付属品も含まれる。

本体仕様とは、製品本体の仕様のことであり、「機構的な内容」「電気的な内容」「ソフトウェア的な内容」の３つの項目に分けられる。これらの項目はカタログや取扱説明書にも記載されている内容と同じであるが、多くの値は設計

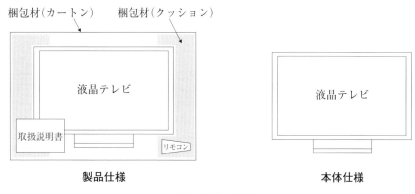

図2.4　製品仕様と本体仕様

マージンを含んでいる。設計構想の内容は設計メーカーの機密事項であるため、一般に公開できる内容のみカタログや取扱説明書に記載されている。

2.2.2　適応規格

　適応規格には、「人体に危害を及ぼし、または物件に損傷を与えるおそれがないこと」を販売する国や地域ごとで定めた**安全規格**と、「与えられた条件下で与えられた期間、要求機能を遂行できること」の試験方法と判定方法を定めた JIS(日本産業規格)などの**信頼性規格**がある。

　安全規格は、法規制(米国保険業者安全試験所の UL 規格は法律ではない)のため、製品カテゴリーと販売地域が決まれば決まる。信頼性規格は、製品が簡単に壊れないように定めた試験規格であり、取得する規格やそのレベルは設計メーカーが決めることになり、法規制ではない。他社製品との差別化を図るために、取得する場合もある。

　信頼性規格の 1 つである防水に関する規格は、もし単に「防水対応」とカタログに記載されていたら、ユーザーは「水没させても大丈夫」と思ってしまうかもしれない。しかし、設計メーカーが単に雨を想定した試験しかしていなかったとすると、ユーザーとの間に認識のギャップが生じてしまい、ユーザークレームになりかねない。そのために、JIS(国際規格では IEC 規格)で防水の保護等級が定められている。

　JIS になっていないものでも、業界標準がある。国の規格として定められてはいないが、同じカテゴリーの製品を販売するメーカー同士で、表示に関する

混乱を防ぐために定めているものである。オーディオ製品の測定に関する周波数特性などがそれに当たる。

　さらにこれとは別に、製品の本体仕様をアピールしたいがJISや業界標準に規格がないものに関しては、「当社比」という表現を用いる場合もある。「当社比で2倍の吸引力」などの宣伝文句のことである。本体仕様のアピールは大切であるが、それが誇大広告になってユーザーを惑わせることがあってはならない。その文言は慎重に決める必要がある。

2.2.3　部品配置

　新規に作製する機構部品や電気部品、購入するカタログ品などの主な配置である（図2.5）。これらの部品配置によって、大まかな製造方法や修理方法を判断することができる。組立メーカーが、現存の設備で製造できるか、サービスの部署が従来の工具で補修部品の交換ができるかなどの判断をするために、設計構想で決めておく必要がある。

2.2.4　使用方法

　水筒であれば、蓋と注ぎ口の開け方と洗浄のための分解方法、小型ガスコンロであれば、火の付け方と消し方、カセットガスの交換方法などである。本体仕様の一部で、言葉で表現しにくいものはイラストで図示する。プロジェクターなど、天井に吊るすような特殊な設置方法があれば、それもイラストで図

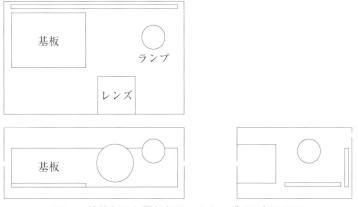

図2.5　機構部品と電気部品、カタログ品の部品配置

示する。

2.2.5　外装デザイン

　外装デザインは、「創りたい市場」で大まかに決まり、本体仕様や部品配置、使用方法で詳細が決まってくる。

　例えば iPhone では、「創りたい市場」として「野外に持ち出して、歩きながら操作ができる」となっていれば、ポケットに入り片手で持つことができるサイズとなり、iPhone の画面を見ながら片手で操作がしやすいようにスイッチやボタン類が配置される。カメラのレンズやコネクター、マイク、スイッチ、ボタンの配置は設計に大きく影響してくるので、外装デザインを依頼したあとは、プロダクトデザイナーと設計者は綿密にすり合わせをしながら、外装デザインを完成させていく。

　一般的にデザインといってもいろいろな種類がある。形のある製品の外装デザインはプロダクトデザイン、ホームページは Web デザイン、アニメ・ゲームなどは CG（Computer Graphics）デザイン、室内空間はインテリアデザインなどがある。同じデザイナーでも、Web デザイナーにプロダクトデザインはできない。その理由は、プロダクトデザインには、指の移動範囲や製品の持ちやすい形状など、人間工学的な知識も必要だからである。

2.2.6　付属品／梱包材

　大抵の製品には付属品と梱包材がある。ユーザーにとっては、これらも合わせて製品となる。テレビの場合、付属品はリモコンと電池、地震対策フック、取扱説明書などがあり、もちろんこれらの設計も必要である。

　取扱説明書は読みやすい内容にするなど、テレビ本体の設計とは別のスキルが必要であるため、社内の別部署に協力を依頼するか外部企業の協力を得る。

　梱包材はカートンと緩衝材があり、緩衝設計というスキルが必要であるため、外部の協力を得る場合が多い。

2.3　製品企画から生産までの設計プロセス

　実際の製品企画と設計構想では、具体的な日付が必要なので「日程」と表現をしていたが、ここでは「設計プロセス」という言葉を用いる。

2.3.1 研究・開発・設計の意味

　新しい製品が生み出されるまでの技術的なステップとして、「研究」「開発」「設計」がある。研究は新しい知識を生み出すことで、モノづくりにおいては、これまでにない材料を見つけ出したり、既存の材料でこれまでにない現象を見つけ出したりして、新しい真実・事実・理論を明らかにすることである。

　しかし、開発と設計の区別はカテゴリーによっていろいろな使われ方がありわかりにくいため、次のような文章で考えてみると理解しやすい。

> 　ある土質の土壌で農作物ができることが**研究**でわかると、木の伐採など行い畑として使えるように**開発**して、最後に作る作物に合わせた土地の区画整備をして畑を作る（**設計**する）。

もう少し具体的に、人工筋肉の例で解説してみる。

> 　スパゲティのような細い棒状の材料があったとする。これに電気を流すとピンと一直線に張ることを発見したり、このような材料を成分調整することによって作り出したりすることが**研究**である。
>
> 　次に、この材料を 100 本くらい束ねてある電圧を加えると人差し指くらいの力を出すことができたとする。そうなると、100 本をまとめたモジュールを作り、電圧と力の相関データを作成するのが**開発**である。
>
> 　最後に、そのモジュールが製品の本体仕様を満足できるように、材料の本数と電圧を正確に決めて、製品の構成部品として配置するのが**設計**である。

　一般的にまったくの新製品が生まれるまでには、研究は約 10 年、開発は約 3 〜 5 年、設計は約 1 〜 3 年必要である。ある講演で、㈱ユーグレナの社長である出雲充氏が「ミドリムシを製品として世に出すまでに 20 年かかった」と言ったところ、その場にいた㈱SUBARU のアイサイト（運転支援システム）を製品化した技術本部技監の樋渡氏も、「アイサイトを世に出すまで 20 年かかった」と言った。それを聞いた聴衆は、研究から製品化までの期間が想像より遥かに長いことに驚いたのであった。自動車のフルモデルチェンジは、4 〜 6 年くらいである。製品が市場に出るまでには時間がかかる。

　筆者のかかわるベンチャー企業は、大学と連携したり、新しい技術をどこからか見つけてきたりして、製品化をしようとする場合が多い。そのような技術のほとんどはまだ開発の途上にあるため、そこから開発と設計を行い製品化するためには、短くとも 2 〜 3 年はかかることを理解しておいてほしい。

2.3.2　設計プロセスの 4 つのブロック

　図 2.6 は、設計プロセスを簡略的に表している。これは研究と開発の終わったあとの**設計**のプロセスである。大きく分けて構想・試作設計・量産設計・生産の 4 つのブロックがある。

(1)　構想

　構想では、**製品企画**の「どのようなモノを作りたいか」と、**設計構想**の「どのようにモノを作れるか」を決める。詳細は 2.1 節「製品企画・設計構想で計画を立てる」と 2.2 節「製品仕様を決める」を参照してほしい。

　製品企画と設計構想の間に**原理試作**がある。原理試作は、これから使用する社内の開発品や、購入するモジュール、デバイスが新規の採用であった場合に、それがこれから製品設計する製品に使えるかどうかを確認するために行う。木や紙を用いて製品の一部を簡易的に作り確認を行う。

(2)　試作設計

　生産するとは、製品や部品を継続的に作ることであり、そのためにはさまざまな装置が必要となる。板金加工のプレス成形機の中にある金型は、その代表である。金型は高価なため、設計内容がまだ固まっていない段階で作製することはしない。よって、金型を作る前には試作設計を行い、それで作った試作セットや試作部品の検証を、設計内容が固まるまで行う。

　製品設計が完了したあとは試作部品を**発注**するが、その前に**設計審査**を行う。設計のアウトプットデータである 3D/2D データと部品表が、設計構想の内容を満足しているかをデータで確認する。データだけでは、設計構想のすべての内容を確認することはできないため、試作セットの実物がなくても確認できる項目だけを確認する。例えば、製品の最外形の寸法などは、3D/2D データだけで確認できる。また、3D データで熱解析のシミュレーションを行えば、例えば製品からの排気が安全規格で規定された温度以下であるかの確認もでき

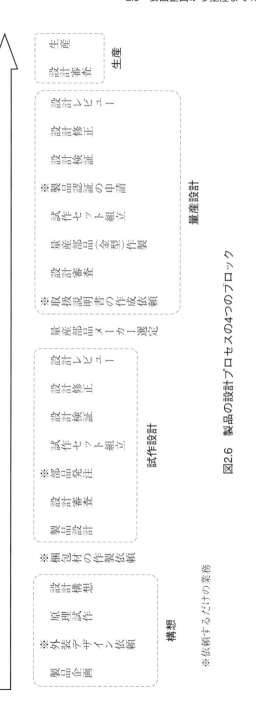

図2.6 製品の設計プロセスの4つのブロック

る。

　設計審査で、設計構想の内容を満足しない項目が見つかれば設計修正し、再
度確認を行う。そのあとに試作部品を発注して**試作セットを組み立てる**。

　設計プロセスの中で、試作セットの組立てとそのあとの**設計検証**がもっとも
時間をかける大切なプロセスである。また、製品の設計品質はこのプロセスで
決まってくるといってよい。試作セットの組立てが終り、そのあと試作セット
を初めて動作させるときが、設計者にとって一番モノづくりの醍醐味を感じら
れるときである。現在は、3D CAD で部品同士の干渉チェックやシミュレー
ションができるため、大きな設計ミスは激減しているが、もし設計ミスがあれ
ば、その場で部品を追加工して修正するか、修正の難しいものは新たに部品を
発注する。

　基本動作を確認し、問題がなければ設計構想の内容に沿って設計検証を行
う。試験などを行い問題が発生すれば、その原因が明らかで簡単に修正できる
ものはその場で修正し、再試験を行う。部品形状を大きく変更したい場合は部
品を新たに発注することもある。これを繰り返し行うことによってすべての問
題が解決できれば、最後にそれに合わせて 3D/2D データを**設計修正**する。

　そして、最後が**設計レビュー**である。設計審査と設計検証で判明したすべて
の問題点が再検証で解決し、設計修正も完了していることを確認する。すべて
に問題がなければ、次のブロックに進むことができる。問題点の規模が小さい、
もしくは次のブロックで確実に解決できると判断できれば、再検証を行わず設
計修正だけを行い、次のブロックに進むこともある。その判断基準は、社内で
事前に決めておく必要がある。

　ここで「次のブロック」と表現しているのは、修正の規模が大きく量産設計
のブロックに進むにはまだ早いと判断すれば、もう1回試作設計を行うことも
あるからである。

　試作セットの作製には時間がかかり、また試作部品は非常に高価であるた
め、試作設計を何回も行うことはできない。しかし、問題点を多く残したまま
で量産設計のブロックに進み金型などを作ってしまうと、そのあとの金型修正
でさらに多くの費用と時間を費やすことになる。よって、次の量産設計のブ
ロックに進む判断はとても重要である。すべての部品やモジュールを、同時に
次の量産設計のブロックに進めるのではなく、設計修正の残った部品やモ
ジュールだけを再検証し、他の部品を後追いすることもある。

(3) 量産設計

量産設計の「量産」とは大量生産の略であり、1,000 ～ 10,000 個の生産をイメージしてしまうが、少数であっても**一定期間にわたり継続的に**生産すれば量産である。試作設計のブロックでは、設計検証を行うために数台から数 10 台の試作セットを限定的に作製するだけなので、その対極にある言葉としてここでは量産設計といっている。本書では、通常は「生産」の言葉を用いるが、一般的に使用される「量産設計」と「量産品質」、「量産部品」だけ、「量産」の言葉を使用する。

量産設計のブロックでは、設計者は部品メーカーに生産のための量産部品の作製を依頼すると同時に、そのための**金型や治具の作製も依頼**する。組立メーカーとは、**装置や工具の種類やそれらの設定値を決める**と同時に**治具や作業標準書を作製する**ための打ち合わせが始まり、一緒に**組立方法**も決めていく。

試作設計と量産設計の部品では、**材料や形状の一部が異なり作り方も違う**。この違いが発生する理由は、生産では一定期間にわたり継続的にばらつきの少ない部品を作製する必要があるために、専用の設備を用いる必要があるからである。樹脂部品を例に取ると、試作設計のときは数個を短納期で作製しなければならないため、樹脂の板の貼り合わせや 3D プリンターで部品を作製する。しかし、これではばらつきがあり、また高価な部品となってしまう。

ばらつきが小さく安価に部品を作製する必要のある生産では、特に樹脂部品は金型を用いて部品を作製しなければならない。そうなると金型で作製できる形状に部品を修正しなければならないのである。よって、量産部品の設計においては、試作設計の 3D/2D データに若干の修正を加える必要がある。金型構造をよく理解していれば、試作設計の最初の段階から量産部品に近い形状で設計することができるが、金型メーカーが決まったあとにアドバイスをもらいながら設計を進めてもよい。また、部品メーカーによっても、所有している装置や設備、また担当者個々の技術スキルや判断で、できる量産部品の形状は若干異なってくるので、量産部品メーカーが決まった時点で、それに合わせた部品形状に修正が必要になる。

金型が必要な部品は、量産設計のブロックで**金型を作製**する。金型を作製する前には設計審査を行うとよい。金型を加工し始めてから設計ミスが見つかり金型に修正を加えると、その修正には多額の費用が発生するだけでなく、日程が遅れることがあるからである。

　金型が完成したら試作部品を作製し、それで試作セットを組み上げ設計検証を行う。ここで設計修正すべき問題点が見つかれば、金型部品を追加工して修正し、再度設計検証を行う。そして、問題点が完全になくなるまでこれを繰り返す。最後にこれらの修正内容をすべて 3D/2D データに盛り込み、金型修正を依頼する。金型修正を完了して作製した試作部品で、必要があれば再検証を行う。そして最後に設計レビューを行い、生産のブロックに進んでよいかどうかを判断する。

　ここで、「問題が完全になくなるまで」と書いたが、製品上支障のない小さな問題点であれば、それを残したまま生産のブロックに進む場合がある。その判断基準は設計メーカーによって、品質基準として定める必要がある。つまり、設計審査／検証のすべての項目をクリアしていなくても、販売時期が重要な場合は、自社で定める品質基準をクリアしていれば生産をすることがあるということになる。しかし、後述する安全性や環境規制にかかわる法規制は満足させなければならない。また、取得予定の規格を満足していなければ、カタログや取扱説明書などにその記載はできなくなる。

　そして最後に生産となる。生産が開始されると、その管理と責任は組立メーカーに移ることになる。

2.3.3　設計プロセスの詳細

　実際の設計プロセスには、さらに多くのイベントがあり、それは製品のカテゴリーや設計メーカーの設計・品質体制によってさまざまである。ここでは、日程作成に影響を与える、比較的長い期間の必要なイベントをあげる。

《全体日程に影響を与えるイベント》

1)　量産(部品作製／製品組立)メーカーの選定
2)　製品認証の申請と認証取得
3)　梱包材／取扱説明書の作製

---

(1)　量産(部品作製／製品組立)メーカーの選定

　新規の部品メーカーや組立メーカーの選定である。部品／組立メーカーを訪問し、実力の確認に併せて経営的なことを判断する財務調査が必要である。これには1カ月ほどかかるので、量産設計が始まる前に選定を完了しておきたい。

　生産の途中で、部品／組立メーカーが変更になると、製品と部品の品質が大きく変わりその見直しに一定の期間が必要になるので、生産途中での変更は避けたい。

(2)　製品認証の申請と認証取得

　安全規格対象の製品であれば、認証申請から認証を取得するまで1カ月以上かかることがある。認証用の試作セットを作製してから申請をする。認証用の試作セットは最終製品でなければならないので、樹脂部品は金型で作製した部品である必要がある。よって、認証申請は金型ができたあとになる。

(3)　梱包材／取扱説明書の作製

　梱包材と取扱説明書は、依頼すればでき上がってくるものではない。設計者と綿密な打ち合わせを行いながら作製していく。両者とも1〜2カ月の期間は見ておいたほうがよい。梱包材、取扱説明書は、設計構想が完了した段階で、関連部署もしくは協力企業に依頼する。特に、梱包材は試作設計の設計検証で最初に必要になる。

(4)　日程で考慮すべきその他の事項

　これ以外にも、外装デザインの作成には約1カ月の期間が必要であり、金型作製には1カ月半から2カ月の期間が必要である。海外から部品や金型を輸入すれば、その部品メーカーとの契約や輸送するための期間も日程に加える必要がある。海上輸送と航空輸送では、この期間は異なる。

2.3.4　設計プロセスのアウトプット資料

(1)　アウトプット資料の種類

　図2.7は、設計プロセスにおけるアウトプット資料である。もちろん、設計メーカーの設計・品質体制によってその種類と内容はさまざまである。

　図2.7のアウトプット資料の名称を見れば、その役割はおおよそ理解できるので個々の説明は省く。設計プロセスでのアウトプット資料には、主に次の3種類がある。

《設計プロセスでのアウトプット資料》

1)　製品を表す資料
- 製品企画書、設計構想書　→　計画書
- 3D/2D データ、2D 図面、部品表　→　製品

2)　設計審査／検証の資料　→　妥当性の確認

3)　依頼書、申請書

　製品企画書、設計構想書が製品設計の**計画書**であり、3D/2D データと 2D 図面、部品表が**製品**を表すものである。そして、計画書に対する製品の**妥当性を確認**するものが設計審査／検証の資料となる。関連部署や協力企業への依頼書や申請書もある。

　設計プロセスでのアウトプット資料ではないが、設計を始める前に用意すべき資料として、設計ルールを定めた**設計基準書**と設計品質ルールを定めた**品質基準書**がある。

　また、図2.7の最後の「生産」の3つの文書である、作業標準書とQC工程表、検査基準書は、基本的には組立メーカーが作成するものであるが、設計者の確認が必要の資料であり、また設計メーカーの社内で組立ても行う企業もあるので記載してある。

(2)　アウトトプット資料の管理と保管

　《設計プロセスでのアウトプット資料》はすべて設計資産であり、製品設計を進める過程で必要であることはもちろんであるが、生産開始後に製品に問題が発生しその原因を解析するときにも重要な資料となるので、厳密に管理と保管をする必要がある。

　厳密な管理と保管とは、**資料のフォーマット化、作成に関する承認のルール、資料の授受のルール、サーバー内の保管場所**などである。これらの管理と保管を厳密にしていれば、その設計メーカーの製品は常に一定の設計品質が担保されていると見なすことができる。これはISO 9001（品質マネジメントシステム）の求める理念の一部でもある。

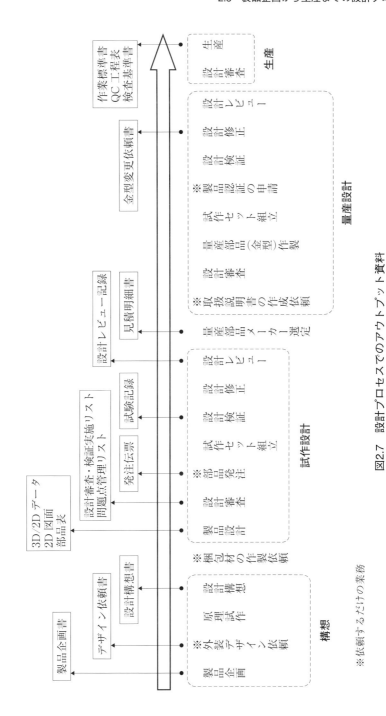

図2.7　設計プロセスでのアウトプット資料

2.3.5　設計プロセスの関連部署と協力企業

　1 つの設計メーカーの設計者だけでは、製品企画から生産までを行うことはできない。製品設計は、多くの関連部署と協力企業の協力を得ながら業務を進めていく必要がある(図 2.8)。設計者が自分で作成した日程に沿って設計を進めるためには、関連部署や協力企業に依頼内容の説明と日程調整を行い、その進捗を管理しなければならない。これはマネジメント業務といえる。

　筆者が前職でまだ新人の設計者であった頃、先輩に「(技術的な)設計業務は残業時間くらいしかできない」と言われたことがあった。製品設計にはマネジメント業務がとても多く、技術的な設計に集中できないことも多い。よって、マネジメント的な業務と技術的な業務を分離して、設計者は技術的な業務だけに集中できるようにする業務分担もある。

　マネジメント業務には、協力企業への情報の共有がある。例えば、外装デザインにおいては、製品企画の「創りたい市場」をビジュアル的にプロダクトデザイナーに言葉で伝える必要がある。部品メーカーや組立メーカーに、協力してもらいやすくするためには、製品の中での部品の役割や製品の使用方法などを説明しておく。また、コストや日程が設計構想に沿うようにするためには、交渉も必要である。海外での生産になれば、これらのさまざまな依頼内容を英語、あるいは現地の言葉で説明しなければならない。

　このように、設計者には**説明力**と**交渉力**、そして**語学力**が必要となる。しかし、多くの日本の設計者は説明下手な人が多く、また英語の苦手な人が多いのが現実である。これからさらにグローバル的に設計を行う機会は増えてくるため、これらのスキルを磨く努力が必要となる。

2.4　製品の販売価格の構成要素

　製品の販売価格の構成要素を図 2.9 に示す。大きく分けると、「**利益**」「**販売費＋一般管理費**」「**製造原価**」になる。

2.4.1　製品設計にかかわる費用

(1)　部品コスト、金型費、組立作業費

　ここでは、設計者にかかわる費用だけ解説する。設計者が製品設計のために働いた給料や出張費、試作部品のコストは**一般管理費**に入る。**販売費**は、販売

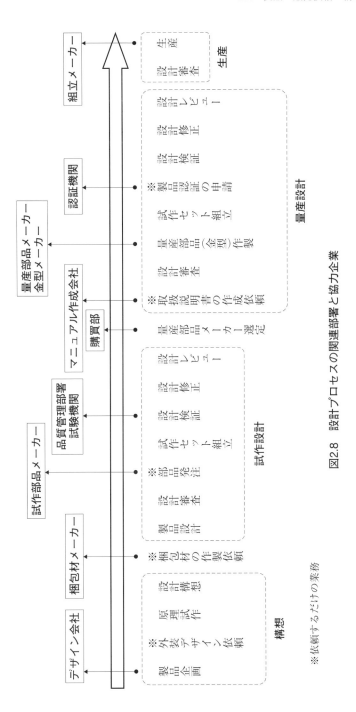

図2.8 設計プロセスの関連部署と協力企業

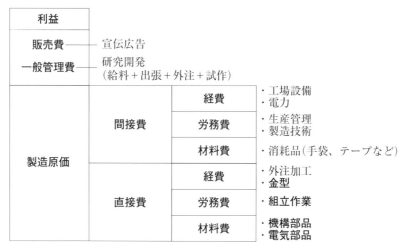

図2.9　製品の販売価格の構成要素

する社員の給料や宣伝広告費などである。**製造原価**は直接費と間接費に分かれ、生産する製品に専用でかかわる費用は**直接費**、組立メーカー全体にかかわる社員、電気、設備、手袋／テープなどの費用は**間接費**となる。

これらの中で、設計者がコントロールできる項目は、**金型費**と、**機構部品と電気部品のコスト**、そして**組立作業費**である。

金型費、機構部品と電気部品のコストは、設計内容で決まってくる。特に部品コストは、製品の部品点数や部品の材料によって大きく変わってくるため、設計者は製品企画と設計構想の内容に沿って、「○○円でこの部品を設計する」という**目標部品コスト**を決めて設計を開始しなければならない。決して設計の成り行きで部品コストが決まることがあってはならない。ベンチャー企業では、目標部品コストを決めずに設計を進めてしまい、設計がすべて完了した時点で合計の部品コストが高額になり過ぎていることに初めて気づく場合が多い。これは製品企画や設計構想を行わないまま、設計を開始してしまっているからである。

金型費は、一般的に2年間で償却されるため、製品の2年間の販売予定数で按分したコストが入る。

組立作業費は組立作業の時間が短いほど安い。組み立てやすい部品配置と部品形状、組み立て方を配慮した設計であるほど組立作業費の安い、良い設計と

いえる。これを製造性の良い設計という。

⑵ 直接費の材料費をカテゴリーごとに分ける

　設計構想では、材料費をカテゴリーごとに分ける。基本は、機構部品と電気部品に分けるが、規模の大きい製品であれば、さらにこれらを細分化する。

　例えば、自動車では、エンジン部品、駆動／伝導／操縦部品、車体部品などになる。ここからさらに細分化した部品単体のコストは、個々の設計のアウトプットデータである部品表で管理する。3.2 節「設計アウトプットデータの管理」で詳細を説明する。

2.4.2　生産ロットと生産年数

　ロットは束という意味で、1 回で生産する製品や部品の数となる。この 1 回は、生産数によっては 1 日で終わる場合もあるが、1 週間以上続く場合もある。毎月生産する場合は、その月 1 回に生産する数となる。

　生産ロットは、製品企画の販売数と販売年数の予測に対して、販売ルートや販売会社の数による販売可能数と組立メーカーの生産能力から決める。生産ロットに 12 カ月を掛け、生産年数をかけると総生産数となる。

　生産ロットは、製品の製造原価や部品コストに影響を与えるため、製品企画時には絶対に決めておかなければならない。金型費は 2 年間の生産数で償却され、研究開発費や試作費など製品や部品を生産するまでにかかる費用は総生産数で按分される。よって、総生産数の数値は販売価格を決めるうえで大切な数値となる。

　他社のカタログ品を部品として使用する場合は、その部品の生産が継続される年数は重要である。自社の製品が生産中であるのに、そのカタログ品の生産が中止になってしまってはならない。そのような場合は、部品のまとめ買いをしておくか、代替部品を探しておく必要がある。

第3章

設計を開始する

3.1　ポンチ絵から始め 3D/2D CAD へ進む

3.1.1　ポンチ絵で効率よい設計を開始する

　設計はポンチ絵を描くことから始めるのがよい（図3.1）。ポンチ絵は、描くのも消すのも速い。また、製品全体を俯瞰して描くと、全体的な部品配置を配慮しながら設計を進めやすい。絵画を描くときの、下描きのようなものである。

　最初から 3D CAD で設計を始めると、描くと消す作業に時間がかかる。また1部品を部分的に拡大して描くことが多いため、製品全体としてバランスの悪い部品配置になりやすい。そこにポンチ絵を描く意味がある。

　ポンチ絵だけでも、次の内容を決めることができる。

《ポンチ絵で決められること》

1)　大まかな部品形状／寸法とその配置
2)　部品同士の接続／勘合方法
3)　材料(樹脂／板金／金属)と厚み
4)　員数

　《ポンチ絵で決められること》の4つが決まれば、設計内容の7割方が決まったといえる。

　製品設計を開始した最初の1週間ほどは、「あーでもない、こうでもない」とアイデア出しの段階であり、部品の形状とその配置を大きく変えて試行錯誤しながら製品設計を進めるため、この段階では描くと消すのが速いポンチ絵を描くことをおすすめする。

　ポンチ絵をより詳細に描いておくほど、3D CAD での設計はより速くできる。その理由は、設計内容の7割方をすでに決めているため、描き直しが少なくて済むからである。描き直しがなく、部品全体の形状を見据えて計画的に形

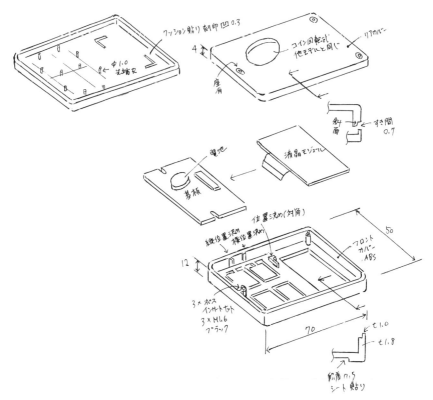

図3.1　ポンチ絵だけでも決められる設計内容

状を描けると、3D データの履歴（形状の描き順の記録）が系統だって作成でき
るので、そのあとの修正も簡単でエラーも起こりにくいというメリットもあ
る。

　また、部品形状と大まかな寸法と材料、厚み、員数が決まれば、部品コスト
が算出できる。部品形状とそれらの配置と勘合方法が決まれば、製品の製造性
とサービス性が判断できる。部品形状と接続方法が決まれば、部品の製造性も
判断できる。よって、ポンチ絵だけでも簡易的な設計審査を行うことができる
のである（第 5 章「設計審査・検証で設計品質を維持する」を参照）。

　3D データがほぼすべて完成したあとに設計審査を行うと、設計審査に参加
する人は、部品の形状や配置を大きく変更するような意見は出しにくい。それ
は、3D データの修正に時間がかかり、大幅な日程の遅れにつながりかねない

からである。そのような妥協や時間の無駄はなくしたい。設計内容の問題点は、設計のより初期の段階であぶり出すほど、その設計修正は簡単で、また修正時間も少なくて済む。是非、ポンチ絵を描いて簡易的な設計審査をしてほしい。

3.1.2　3D CAD で設計する

3D CAD で、すでに描いたポンチ絵を正確な寸法のデータにする。ポンチ絵をより詳細に描いていれば、3D CAD の設計はより速くなる。3D CAD の設計では、ポンチ絵の内容を大きく変更をすることはないが、部品同士の勘合部の複雑な形状や製品内部の部品同士の 1 ～ 2 mm 空間距離、駆動部品の駆動のための空間距離などはポンチ絵で正確に描くことが難しいため、3D CAD の設計で初めて決めることになる。

3D CAD で設計するメリットには、次のようなものがある。

《3D CAD で設計するメリット》

1) 試作部品や金型が早くできる。→設計期間が短縮できる。
2) 部品同士の干渉チェックができる。→設計の完成度が上がる。
3) 製品のシミュレーションができる。→設計の完成度が上がる。
4) 体積／質量／重心などが計算できる。→設計期間が短縮できる。
5) デジタルツインで部品のリアルデータによる予測ができる。

⑴　試作部品や金型が早くできる

部品メーカーでは、3D データ(X-Y-Z データ)を、3D-CAM(Computer Aided Design)で部品の加工用データに変換し、それで切削などの機械加工を行う。2D データ(X-Y データ)は深さ方向のデータ(Z)がないため、手入力する必要がある。すべて手描きの 2D 図面は、すべて手入力しなければならないため、時間がかかる。

3D CAD で設計することによって、加工データの手入力による計算ミスとインプットミスがなくなり、機械加工の正確性が増すと同時に作製日程も短縮できる。その結果、試作部品を早く入手でき、設計期間が短縮できる。

⑵　部品同士の干渉チェックができる

3D CAD では、部品同士の干渉チェックができる。2D CAD の設計では、

深さ方向を描くことはできないので、X、Y、Z の 3 方向から見た 2D データ
で立体をイメージするしかなく、見落としが多かった。

　3D CAD では、干渉している部分が画面上に色違いでハイライトされるた
め、漏れなく見つけ出すことができる。部品同士に干渉があると、試作セット
が組み上がらず、試作部品をヤスリで削ったり、曲げたり、切ったりしなけれ
ばならないため、仕事が増えると同時に試作セットの完成度が落ちる。機構設
計者にとって、干渉チェックができることは 3D CAD の大きなメリットであ
る。

⑶　製品のシミュレーションができる

　シミュレーションには、とても多くの種類がある。温度の分布が視覚的にわ
かりヒートシンクなどを適切な形状に設計できる熱解析、椅子の背もたれなど
を適切な形状に設計できる荷重解析、流速の分布が視覚的にわかり送風ダクト
などを適切な形状に設計できる流量解析などがある。

　目に見えない温度や荷重、流速を可視化できれば設計の方向性が判断できる
ので、設計は格段に速くなる。

⑷　体積／質量／重心などが計算できる

　3D CAD にその部品の材料の比重をインプットすれば、体積／質量／重心
などが算出できる。質量がわかれば、より正確な部品コストを見積もることも
できる。また、近年の CO_2 排出量の計算にも、この質量は重要なファクター
となる。

　例えばコードレス掃除機の設計で、重心がわかれば掃除機がより軽く感じら
れる設計を早い段階ですることができ、試作回数を減らすことができる。

⑸　デジタルツインで部品のリアルデータによる予測ができる

　近年、話題となっているデジタルツイン(Digital Twin)では、実物の製品や
試作セットとその 3D CAD データを双子のように同時に存在させて(図 3.2)、
製品や試作セットのさまざまなエージングデータを随時 3D データにインプッ
トすることによって、より正確なシミュレーションを行うことができる。

　例えば、発売したばかりの製品をユーザーと同じ環境でエージングし、ある
部品の 1 年後の劣化データを 3D データにインプットしシミュレーションする

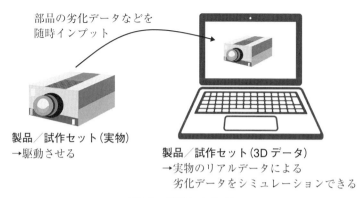

部品の劣化データなどを
随時インプット

製品／試作セット（実物）
→駆動させる

製品／試作セット（3D データ）
→実物のリアルデータによる
　劣化データをシミュレーションできる

図3.2　デジタルツイン

と、1年後以降の劣化データがより正確に得られる。交換部品をより正確な時期に準備できたり、次期製品の改善点をより早く知ることができたりする。

⑹　製品の設計は 3D CAD で行う

本項で述べてきたように、3D CAD で行う設計のメリットはあまりにも多くある。2D CAD で設計を行う設計メーカーはいまだ多くあるが、早急に切り換えたほうがよい。

3.1.3　2D 図面の役割
⑴　2D 図面とは

2D CAD で作成した 2D データ、もしくは 3D データから変換した 2D データを特定の図面枠に配置したものが 2D 図面である。それを紙にプリントアウトしたものも 2D 図面という。

3D データは部品の形状のみのデータであるため、それ以外の公差や材料の情報などは 2D 図面に記載する。最近は 2D 図面を作成せず、3D CAD に形状データと一緒に公差や材料の情報をインプットすると、それらも一緒に見ることができるビューワーが登場している。2D 図面を作成する必要がないので、とても便利である。ただし本書は、2D 図面を作成することを前提として書いている。

3D データは部品の形状だけのデータである。しかし、部品を作製するためには、形状データ以外にも次の情報が必要である。

《部品仕様に必要な形状以外のデータ》
1)　部品名称
2)　部品番号
3)　管理寸法とその公差
4)　材料
5)　表面処理／色
6)　環境規制の文言
7)　梱包形態

　これらの内、公差・材料・表面処理は、部品コストの重要な要素であるため、形状しか表していない 3D データのみで部品コストを見積もることはできない。

　板金部品にスタッドナットを圧入するなど、複数の部品を組み立てて 1 つの部品として作製する場合は、2D データの組立図が必要になる。その場合は、次の情報を 2D 組立図に表記する。

《2D 組立図に必要な情報》
1)　構成部品の部品名称／部品番号／員数
2)　構成部品の取り付け公差
3)　構成部品の取り付け方法(圧入など)
4)　構成部品の取り付け強度

(2)　打合せに便利な 2D 図面

　プリントアウトした紙の 2D 図面の活用範囲は広い。金型の打合わせは、原寸大の 2D 図面で行うほうが実物形状を把握しやすく、確実な打合わせができる。打ち合わせで、樹脂部品のパーティングラインやエジェクターピンの位置を 2D 図面に描き込んだり、形状変更をイラストで描き込んだりする。

　また、部品の製造現場では、2D 図面の寸法を見ながら成形機の設定値を調整したり、部品の寸法測定値を 2D 図面に書き込んだりする。

　しかし、これらの 2D 図面の役割はタブレットモニターと一緒に Excel やPowerPoint を上手に活用することによって代替できる。今後、2D 図面がなくなっていくことは避けられない。

3.2 設計アウトプットデータの管理

　設計のアウトプットデータで主なものは次の2つである。設計メーカーは、これらのデータを用いて関連部署や協力企業と一緒に仕事をしていくため、その管理は明確なものでなくてはならない。

《設計アウトプットデータ》
1)　3D/2D データ、2D 図面
2)　部品表

3.2.1　3D/2D データ、2D 図面の部品名称と部品番号

　3D CAD で設計をすれば、3D データ + 2D 図面がアウトプットデータである。2D CAD で設計した場合は 2D データ + 2D 図面がアウトプットデータとなる。

(1)　部品名称

　サーバーやパーソナルコンピューターの中にある 3D/2D データは、もちろん設計者自身が理解できる部品名称にしなければならない。また、設計者が複数いる場合は、他の設計者でも理解できる部品名称にしておくほうがよい。

　さらに、部品名称は設計者と部品メーカー、もしくは購買部の担当者とのやりとりで多く使用されるため、間違えにくい部品名称にするべきである。まれに次のような部品名称を見かけることがあるが、とても間違えやすい。

　・PLATE RZ548

　部品名称は、日本語と英語のどちらか、もしくは両方で付ける。海外で部品を作製する場合は、英語の部品名称が必須となる。

　・プレート(前)／ PLATE(FRONT)

　・トップカバー／ TOP COVER

　日本語とカタカナ英語のどちらもわかりやすい部品名称であれば、カタカナ英語にするほうがよい。英文字に変換しやすいからである。以下の2つならば、「ヒートシンク」のほうがよい。

　・放熱板

　・ヒートシンク(こちらがよい)

　また、単品図であるか組立図であるかの区別は、部品名称からもわるように
したい。次は、組立図の部品名称である。

　• フィルターケース組立／ FILTER CASE ASSEMBLY

(2)　部品番号

　部品番号は必ず付ける。部品名称は一般的な名称が多いため、社内や部品
メーカー内で類似の部品名称と混同しやすいからである。トラブルを避けるた
めに、部品番号は必ず付けるべきである。

　部品番号の付け方は、パーソナルコンピューターへのインプットミスや口頭
での伝達ミスをなくすため、3 ～ 4 文字で「 – 」で区切る。

　• ◯ -234-567-01

　最後の 2 桁は変更履歴である。3D/2D データや 2D 図面を、社内で登録した
り部品メーカーなど社外に渡したりしたあとに、仕様変更のために再発行する
と、新旧の区別がつかなくなる。よって、3D/2D データや 2D 図面を公に発行
したあとは、部品番号を変えて再発行する必要がある。そのときに、この最後
の 2 桁を使用する。01 ～ 99 まで 98 回の変更ができることになる。

　頭の◯は、英数字ならなんでもよく、部品の種類を表すようにするとよい。
機構部品であるか、電気部品であるかなどである。2D 図面を受け取った購買
部の担当者が管理しやすくなる。

　「234-567」は送り番号であるが、この場合では 999-999 が最後になる。この
桁数は、もちろん増やしてもよい。

　3D/2D データの部品名称は、2D 図面の部品名称と同じにしておく。CAD
の種類によっては、英語のみしかインプットできないものがあるので、2D 図
面には英語名称をつけておくのがよいであろう。

3.2.2　部品表の作成と管理

　部品表は、1 つの製品を構成する複数の部品を一覧表にまとめたものであり、
設計プロセスの全域にわたって活用する（図 3.3）。部品表はポンチ絵を描く段
階で作成し始めるのがよい。表の横方向には、主に次の項目が並んでいる。

部品名称		部品番号	新規既成	員数	部品コスト				金型コスト		設計者	設計進捗			試作				生産			
日本	英語				目標	構想	試作1	最終	目標	見積		3D	2D図面	登録	メーカー	個数	発注	納品	メーカー	1st Try	完成	部品承認
メインケース	MAIN CASE	A-123-456	新	1	820				7,300,000		小田											
ドア組立	DOOR ASSY	A-123-457	新	1	670						小田											
*ドア	*DOOR	A-123-458	新	1					4,500,000		小田											
*把手	*HANDLE	E-123-459	既	1		30	30	30														
*M3ビス	*M3 SCREW	B-987-123	既	2		5	5	5														
ヒンジ	HINGE	E-123-461	既	2	150	150	150	150														
M4ビス	M4 SCREW	B-987-654	既	8	6	6	6	6														
・			・		・	・	・	・	・	・	・			・	・	・	・	・	・	・	・	・
カートン	CARTON	C-111-222	新	1	150				700,000		田中											
クッション	CUSHION	C-111-223	新	4	70				500,000		田中											
取扱説明書	MANUAL	D-222-333	新	1	160				500,000		武内											
固定金具	FIXING BRACKET	E-123-460	既	2	90	90	90	90														
予備																						

図3.3　部品表（ケース）

《横の項目》

1)　基本項目
- 部品名称(3D/2D データ、2D 図面)
- 部品番号
- 員数
- 新規部品／既成部品

2)　コスト管理の項目
- 目標部品コスト
- 見積部品コスト(設計構想、試作 1、試作 2……最終)
- 金型費(目標価格、最終価格)

3)　設計進捗管理の項目
- 設計者名
- 3D/2D データ(試作 1、試作 2……最終)
- 2D 図面(試作 1、試作 2……最終)
- 登録

4)　試作管理の項目
- 試作部品メーカー
- 試作発注個数
- 発注
- 納品

5)　生産準備の項目
- 量産部品メーカー
- 金型日程(発注／ 1st Try ／完成)
- 治具日程(依頼／完成／確認)
- 部品承認

部品表の縦方向には、次の項目が並んでいる。

《縦の項目》
- 製品本体の組立部品と単品部品
- ビスなど

- 梱包材
- 付属品
- 取扱説明書
- 他備品(ポリ袋、注意書きなど)
- 予備費

(1)　基本項目

　部品名称は、2D 図面の部品名称だけでもよいが、3D/2D データの部品名称と異なる場合は、間違えを避けるために記載したほうがよい。**部品番号**の末尾は、随時変更されるため記載しなくてもよい。

　員数は 1 つの製品に使用される部品の個数である。

　新規に作製する部品は**新規部品**、他社のカタログ品は**既成部品**である。既成部品の部品番号は、3D/2D データや 2D 図面がなくても、社内の部品番号のルールにのっとって付けておくとよい。

(2)　コスト管理の項目

　目標部品コストは、製品企画→設計構想→ポンチ絵でブレークダウンしたコストを記載する。そして、設計プロセスで取得した**見積部品コスト**をその都度記載する。**金型費**の目標価格と見積価格も記載しておく。

(3)　設計進捗管理の項目

　設計者名は、設計者が複数いる場合はマネジメントのために必要になる。**3D/2D データ・2D 図面**は、設計プロセスの各ステップでデータが完了したか否かの確認である。**登録**とは、社内での登録である。

(4)　試作管理の項目

　試作部品メーカーは、扱う部品の種類が多いとどこの部品メーカーに発注したかわからなくなってしまうため必要である。試作部品は、試験などで破損してしまうこともあるので、多めに発注することがある。よって「**試作発注個数**＝員数×試作台数」にならないことが多いのである。**発注**したか**納品**したかも部品が多いとわからなくなってしまうので管理したい。

⑸　生産準備の項目

　量産部品メーカーは、多くの部品を扱う場合は、忘れないために必要である。**金型日程**は、部品の大きさや複雑さによって違いがあるため、部品個々に日程を記載する。金型作製の進捗管理である。**治具日程**は、部品メーカーと組立メーカーの治具のことである。設計者が依頼した治具はしっかり管理したい。**部品承認**は、部品作製がすべて完了したあとの承認行為である。もちろん、部品の生産開始前には終わらせておきたい。

⑹　縦の項目

　部品表の縦方向には、製品を構成する部品が並んでいる。その中で、組立部品と単品部品はわかるようにしておく。図3.4は、把手付きの扉が開閉するケースで、この部品表は図3.3(p.45)である。メインケースにドア組立をヒンジ2個で固定する。ヒンジ1個にはM4ビスが4本必要である。ドア組立は把手が1個付いており、それはM3ビス2本で固定されている。よって、ドアと把手、M3ビスはドア組立の小部品となり、それを表すために「＊」が頭に付いている。ドア組立は組み立てた状態で部品メーカーから購入し、他の部品は単品で購入して、組立工場で組み立てる。

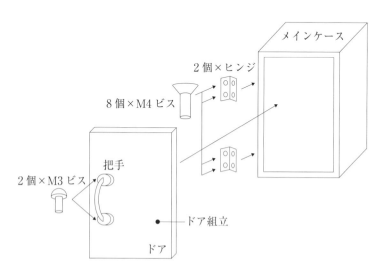

図3.4　ケースの外観図（部品表は図3.3を参照）

(7) ビスなど

ポンチ絵の段階で、ビスなど員数とその種類が決まっていないものは、大まかの個数をまとめて記載しておくとよい。もちろん、合計の部品コストの精度を高めるために、わかる範囲で記載しておくべきである。

最初の試作設計で試作部品を発注する直前には、ビスの種類と員数が明確になっていなければならない。

(8) 梱包材、付属品、取扱説明書、他備品

製品のカートンを開けると、製品本体以外に入っているものは多い。梱包材や取扱説明書は、生産ロットが小さければ高額になるため、部品表に入れるのを忘れてはならない。合計の部品コストを計算するときに必要である。

(9) 予備費

予備費は、合計の目標部品コストを超えないようにするためのバッファである。筆者は合計の目標部品コストの10%くらいを予備費としていた。

設計がすべて完了すると、合計の部品コストは目標部品コストを超える場合が多い。製品仕様を満足するために、止むを得ず追加する対策部品があるからである。よって、バッファとして部品表にあらかじめ予備費を入れておくとよい。

3.3 コストダウンを考えた設計

「設計でコストダウン」「梱包と輸送でコストダウン」「見積明細書でコストダウン」の3つに分けて解説する。

3.3.1 設計でコストダウン

合計の部品コストを計算して、それが目標部品コストを超えてしまった場合は、設計変更を行いコストダウンする必要がある。この場合の設計変更は、製品仕様と日程に影響を与えない範囲で行う。製品仕様に影響を与えにくいコストダウンの例をあげる。

> 《製品仕様に影響を与えにくいコストダウン例》
> 1)　材料変更
> 2)　塗装／印刷の変更
> 3)　品質レベルの変更
> 4)　部品点数の削減
> 5)　部品の生産方法の変更
> 6)　取扱説明書の Web 化

(1)　材料変更

　樹脂であれば、衝撃に強く体裁部品に向いている ABS(アクリロニトリル　ブタジエン　ポリスチレン)から、ABS より安価でやや衝撃に劣る PS(ポリスチレン)に変更するなど、安価な材料へ変更する。物性はほとんど同じであっても、材料メーカーや材料名、型名を変えることによって、より安価な材料が見つかることがある。

　また、部品メーカーや材料メーカーと相談して、より多く流通していることで安価になっている材料に変更してもよい。

　樹脂材料も板金材料もその種類は非常に多いが、1つの部品メーカーでは取り扱う材料の種類をある程度限定し、大量に購入して安価にしている。小ロットの部品を依頼するときは、部品メーカーと相談して安価な材料を選択するのがよい。大量に同じ材料を使用する場合は、材料メーカーと直接価格交渉をして、その価格を部品メーカーに提示して材料を購入してもらうこともできる。

　製品が市場に出たあとの材料変更は、再検証や製品認証があれば変更申請が必要なので、慎重に行わなければならない。

(2)　塗装／印刷の変更

　塗装や印刷は、作業工程が多く手作業もありコストがかかるため、その削減の効果は大きい。

　塗装の場合は、3コート塗装を安価な2コート塗装にして作業工程を減らしたり、塗装をなくして生地のままにしたりすることができる。樹脂部品は、高機能の樹脂材料と高い金型技術が、塗装のない外装部品を可能にしている。

　印刷は、印刷色の数を減らしたり、印刷をなくして刻印にしたりする方法がある(図 3.5)。しかし、刻印には文字が見えにくいというデメリットがある。

図3.5　印刷（左）と刻印（右）

(3)　品質レベルの変更

　一般的に社内の品質基準は、社内の多くの製品に適応させるため、汎用的に記載されている。しかし、その汎用的な記載のために、製品の特定部分が必要以上の品質レベルとなっていることがある。そのような箇所があれば、品質レベルの変更に積極的に取り組むべきである。

　例えば、ユーザーがほとんど見ることのない製品の背面や底面の傷レベルが、正面や天面と同じ品質レベルである必要はない。もし社内の品質基準が、すべての体裁面を同じ品質レベルで定めていれば、特定の体裁面の品質レベルを見直すべきである。

　また、自分のこだわりや従来からの習慣によって、必要以上の品質レベルを部品メーカーに要求してはならない。例えば、製品の内部部品や他の部品との接合面であれば、そもそも体裁を気にする必要はない。部品メーカーの作業者は、自分の担当している部品が、製品でどのように使用されるかは知らないため 2D 図面に記載された品質基準にのっとって判断するだけである。体裁を気にする必要のない箇所に必要以上の品質レベルを要求することがないように、きめ細かく指定する必要がある。

　寸法公差は、基本的には JIS に記載されている普通寸法公差にしておくべきだが、箇所によってはその公差が必要以上に厳しいこともある。その場合は別途に緩い公差を指定する。厳し過ぎる公差のためにいたずらに不良率を上げて、部品コストがアップすることは避けたい。

(4)　部品点数の削減

　部品点数の削減とは、例えば、2 部品だったものを 1 部品にすることである。

しかし、これによって部品形状が大きくなったり複雑になったりして、逆に部品コストが上がってしまっては本末転倒である。また組み立てにくくなり、作業時間が増えてしまってはならない。

　しかし、部品点数を減らすと、部品の管理工数や輸送コストも下りメリットは多いため、部品点数が少ないに越したことはない。

⑸　部品の生産方法の変更

　金型を使用しない板金部品などは、生産数が増えたときに金型を作製して部品コストを下げることができる。その代わり金型費が必要になるので、今後の予定生産数を考え金型費を回収できるかを計算しておく必要がある。

⑹　取扱説明書の Web 化

　取扱説明書の Web 化は、最近のトレンドである。現在は、ほとんどの人が Web 環境を持っているので、紙の取扱説明書はなくすことができる。

　Web 化すれば、きめ細やかな説明ができると同時に検索の利便性を向上させることができる。内容もユーザーからのフィードバックを元に最新の情報に更新して、ユーザーの満足度を上げることもできる。紙の取扱説明書を PDF にして Web で公開するのでは意味がない。

⑺　コストダウンは製品仕様を満足する範囲で

　前述《製品仕様に影響を与えにくいコストダウン例》の内、1)～3)は 2D 図面に書かれている内容の変更、4)は部品表の変更、5)は部品の生産方法の変更、そして6)は製品本体以外の部品の変更である。このように体系だってコストダウンを考えると、アイデアは浮かんできやすい。

　ここまでは、設計で対応できるコストダウンであり、目標部品コストを超えてしまったときに、対応可能な内容である。あくまで、製品仕様を満足する範囲でのコストダウンでなければならない。

3.3.2　梱包と輸送でコストダウン

　梱包と輸送でのコストダウンは、生産が始まってからできるものは少ない。設計開始当初から計画的に考えておく必要がある。

《梱包と輸送でのコストダウンの例》

1) コンテナに効率よく入るカートンの大きさ

2) 輸送体積を小さくする部品のスタッキング

3) カートンの印刷をラベル化

(1)　コンテナに効率よく入るカートンの大きさ

　輸送効率を高めるために行う。大ロットの製品の場合、カートンに入った製品をパレットに積み、さらにそれを段積みにしてコンテナに入れる。最上段のカートンの上に、大きなスペースが空いてしまっては、空気を運んでいることになってしまい、もったいない。

　例えば、1つのパレットにカートンを3段積みにし、さらにそれを2段積みにしたところ、最上段のカートンの上部の60 mmがコンテナの天井にぶつかり入らないとする。すると、上段のパレット上のカートンは2段積みにしなければならない。そうなると大きなスペースが空き、もったいない。

　カートン内部の緩衝材の厚みを、上5 mm＋下5 mmの合計10 mm削った

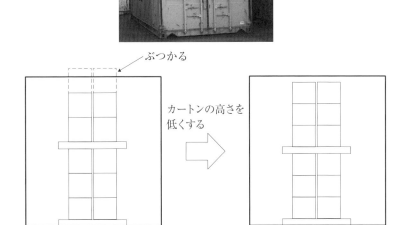

図3.6　コンテナに効率よく入るカートンの大きさで設計を進める

とすると、10 mm × 6 カートンで合計 60 mm 高さが減り、コンテナに入ることになる。カートンをわずかに小さくすることによって、輸送費を安くできるのである（図 3.6、p.53）。大雑把な計算であるが、このような考えである。

　この設計は、製品本体の設計者と梱包材の設計者が協力して行う。製品本体の高さは本体仕様から決まり、梱包材の大きさは、JIS で規定されている包装貨物－性能試験をクリアするよう設計されている。緩衝材が薄くなると緩衝性が劣ってくるので、その分製品本体の強度が必要になってくる。よって、両者の協力が必要になるのである。

(2)　輸送体積を小さくする部品のスタッキング

　部品をスタッキング（積み重ねてコンパクトに収納すること）できると、1 つのカートンに部品を多く入れることができる（図 3.7）。部品輸送において、部品の内側の空間や部品間の空間距離が大きいのは、輸送コスト的に無駄である。

　スタッキングは部品同士を勘合させて輸送効率を上げる方法であるが、製品の組立ラインや部品の生産ラインで、部品を置く場所をとらないというメリットもある。

(3)　カートンの印刷をラベル化

　図 3.8 のようにカートンへの印刷をなくして、ラベルで対応する方法がある。カートンに印刷（図 3.8 左）を行うと、小ロットであればそのカートンは高額になる。ラベル代は必要になるが、無地で安価の汎用カートンを使用してラベルを貼った（図 3.8 中）ほうが、合計で安くなる場合がある。「印刷したカートン」

図3.7　部品をスタッキングできるように設計して輸送効率を上げる

（出典）　㈱アースダンボール HP（左と右）、㈱中川製作所 HP（中）

**図3.8　カートンへ印刷したもの（左）とラベルを貼ったもの（中）、プリンターで
印刷したもの（右）[1][2]**

（写真提供）　紀州技研工業㈱

図3.9　カートンへの印刷ロボット

と「無地の汎用カートン＋ラベル」のコスト比較となる。印刷の版を作らず、
インクジェットで全面にフルカラー印刷（図3.8 右）することもできる。小ロッ
トの製品に有効である。

　最近は、図 3.9 のように小型で製造ラインに設置可能なカートン印刷ロボッ
トが登場している。印刷範囲は広く、高精細のため QR コードも印字が可能で
ある。版代なしで印刷内容を変更できるので、小ロットの製品には最適である。

3.3.3　見積明細書でコストダウン

　部品のコストは、材料費と加工費の 2 つを元に計算されている（第 7 章「正
しい部品コストの見積りを取得する」参照）。

　材料費をコストダウンする方法は、前出の 3.3.1 項「設計でコストダウン」
で解説した。加工費は、作業者の作業時間に賃率をかけた費用と、工作機械の
加工時間にマシンチャージを掛けた費用の合計になる。

　作業時間と加工時間を短くするには、設計を見直す必要があり部品メーカーと相談するのがよい。賃率は変更できないが、マシンチャージは工作機械を変更することによってできる。

《見積明細書でコストダウンできる項目》

1)　工作機械の変更

2)　まとめ買い

---

(1)　工作機械の変更

　樹脂の射出成形機や板金のプレス成形機、金属の鋳造機、切削加工機などを変更することによってコストダウンできる場合がある。

　すべての工作機械にはマシンチャージといって、1時間当たりの使用料が決められている。精度が高く新しい、そして大きい工作機械ほどマシンチャージは高くなる。部品に高い精度が必要なければ、精度の低い古い工作機械を使うこともできる。

　また、必要以上の大きさの部品を製造できる工作機械を使用していたら、小さいサイズの工作機械に変更してもよい。見積明細書に、使用する工作機械の型名が記載されているのでそれで判断するか、製造現場を見に行くとよい。

(2)　まとめ買い

　毎月100個の部品が必要であった場合、例えば2カ月に1回200個発注するのがまとめ買いである。2倍の個数を1回で生産すると、部品を生産するための準備である段取り費用が1回分しか発生しないため、その分部品コストは安価になる。

　しかし2カ月分の発注をすると、その在庫を保管しておく必要がある。大きな部品は場所をとり倉庫の保管費用が発生する場合があるので、それも加味する必要がある。

　また、ラベル、接着剤などの化学品が含まれた部品は、保管期間や保管環境（温度と湿度）が決まっているため、まとめ発注には適さない。ビスなど小物の金属部品が適している。

第4章

設計品質を配慮した設計をする

4.1　製品設計5つの壁

　市場で販売する製品の設計において乗り越えなければならない壁がある。それは以下の5つである。

《製品設計5つの壁》

1)　信頼性
2)　製造性
3)　コスト管理
4)　安全性
5)　サービス性

4.1.1　5つの壁を知らなかったベンチャー企業の失敗

　2016年に前職を退職したばかりの頃、筆者は多くのベンチャー企業を訪問していた。以下はそのとき見聞きした内容である。

(1)　信頼性を知らなかった

　フラスコを回転させて撹拌させるような理化学機器を製品化しているベンチャー企業の話である。ユーザーが電源を入れても動かず、故障として返品される製品が多いとのことであった。詳細に話を聞くと、ユーザーが入手した最初から製品は動かなかったらしい。そして返品された製品を調べると、ギアがずれていたのである。

　この製品の設計者はギアの設計に問題があったと判断し、筆者にギアの正しい設計方法を教えてほしいと依頼してきたのであった。しかし、筆者は輸送中の振動が原因であると考えたため、「包装貨物試験はしましたか？」と聞いた。

57

すると「包装貨物試験とは何ですか？」と聞かれた。この製品の設計者は、包装貨物試験そのものの存在を知らなかったのである。製品化で必須の知識である**信頼性**の基本を知らなかったために多くの修理費がかかり、ブランドにも傷がついてしまったのである。

(2)　製造性を知らなかった

　プラスチック製のアヒルの形をしたガジェット（道具、装置、仕掛け）の製品化をめざすベンチャー企業の社長に会ったときのことである。この社長は、以前ある部品メーカーに設計製造を委託した。この部品メーカーが窓口となり、他の部品メーカーと協業しながら設計から生産までを行うのである。

　そのアヒルの目はシールを貼るようになっていたが、シールの貼る位置の周囲には低い壁が立っていたためシールは貼りにくく、とても生産できるものではなかった（図4.1）。この部品メーカーもベンチャー企業の社長も、製品化に必須の知識である**製造性**の知識がなかったのであった。

　これ以外にも製造性の問題が多く見つかり、社長はこの部品メーカーでの生産を断念し、数百万円の損失を出して撤退した。

(3)　コスト管理を知らなかった

　大学の研究室と連携して、マッスルスーツの製品化をめざす企業の話である。
　マッスルスーツとは、重いものを持ち上げたり、長時間腰をかがめたりする

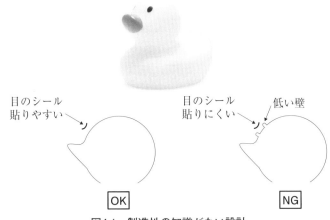

図4.1　製造性の知識がない設計

作業者の腰に装着して、その負担を軽減する装備である。数回の試作を経て、生産を開始する直前の時期であった。販売価格を約 30 万円に設定していたが、見積部品コストの合計が約 20 万円以上になってしまったのである。これでは、売れるほど損をすることになってしまう。

筆者が「目標の部品コストはなかったのですか？」と聞いたところ、「どんな設計になるかわからなかったので、考えていなかった」という返事があった。

この企業は、製品設計の必須の知識である**コスト管理**を知らなかったのである。結果的に設計のやり直しになり、数百万円は無駄にしたのではないだろうか。驚くような話だが、実はこのようなベンチャー企業は多い。

(4) 大切な資金と時間を無駄にしないために

日本のモノづくりベンチャー企業が国からもらえる補助金は約 5,000 万円が限界である。例えば、40 インチ液晶テレビの樹脂製ベゼルサイズの部品の金型費は約 1,000 万円する。他にも金型が必要であれば、金型費だけで数千万円は必要となる。製品化にはお金がかかり、簡単には失敗はできない。大切な資金と時間を無駄にしないためには、製品化で必須の知識を身につけて、計画的かつ効率的に製品設計を進める必要がある。

本書でいう製品とは、一般の市場で販売する量産品のことであり、治具や装置などの 1 個ものや市場で販売されない展示品などではない。

では、市場で販売する製品と非売品、また量産品と 1 個ものの製品では、設計で何が違ってくるのであろうか。これについては次項以降で解説する。

4.1.2 「非売品」と「販売品」の設計の違い①〜安全性

製品を市場で販売するとは、不特定多数の人がさまざまな使い方をするということである。例えばボールペンのノック部分でいうと、ノックする力の強さ、ノックする方法（指や机など）、ノックする回数は人によってさまざまである。そのようなさまざまな使い方をされても**人に危害を与えてはならない**のである。危害とは、怪我などのことである。これを**安全性**という（図 4.2）。

安全性の中で、特に重要な内容は各国の法律で定められていて、それを理解しないで製品を設計し販売してしまうと罰則を受ける。

日本には、電気製品であれば電気用品安全法がある。医療製品であれば薬事

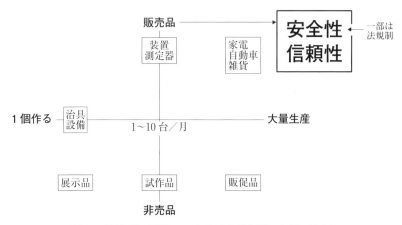

図4.2　販売品の設計には安全性と信頼性の知識が必要

法がある。もちろん、法律で定められていない安全性もあり、それは設計メーカーが独自に定めることになる。

4.1.3　「非売品」と「販売品」の設計の違い②〜信頼性

　製品を市場で販売するとは、不特定多数の人がさまざまな使い方をしても**壊れにくい必要がある**。これを**信頼性**という（図4.2）。内容によっては、JISなどにその試験方法と判定基準が記載されている。信頼性は法律ではないが、簡単に壊れてしまってはユーザーに迷惑をかけ、ブランド価値が下がりかねない。日本製品は、この信頼性が高いことに世界的な優位性があるため、それを汚すことは避けたい。

　何回も折り畳みを繰り返された古い折り畳み椅子は、座ると壊れて怪我をしそうなものがある。これは安全性と信頼性の両方にかかわるもので、区別しにくい内容もある。

4.1.4　「1個作る」と「大量生産」の設計の違い①〜製造性

　大量生産とは、**複数個を一定期間にわたり継続的に生産する**ことをいう。筆者が設計した製品は、毎月2,000〜5,000台を3年くらい継続して生産するものが多かった。しかし中には、毎月10台以下を5年くらい生産するという製品もあった。本書では、これらも併せて大量生産といっている。

　製造性には、製品を正しく組み立てやすい**製品の製造性**と、部品を正しく作

りやすい**部品の製造性**の2つがある。

(1) 複数個を生産

複数個を生産するとは、作業者が同じ作業を何回も繰り返すことである。1日100個生産するのであれば、100回同じ作業を繰り返す。1回でも間違った作業をしてしまうと、その製品や部品は不良品となる。

よって、作業者が間違った作業をしにくいような設計をしなければならない。また軽微な作業と思えても、繰り返し作業することによって作業者の身体に大きな負担を与えてはならない。これが**製造性**である。

(2) 一定期間にわたり継続的に生産

一定期間にわたり継続的に生産すると、その期間内に作業者が変わる可能性がある。日本の組立メーカーでは1年で約5人、中国の場合だと約20人の作業者が入れ替わる。作業者が変わると作業方法も若干変わり、製品や部品にばらつきが生じることがある。中国で不良品が多い原因の一つである。

したがって、一定期間にわたり継続的に生産するためには、作業者が入れ替わっても製品や部品を正しく作りやすくすることが大切となる。これが**製造性**である（図4.3）。

4.1.5 「1個作る」と「大量生産」の設計の違い②～コスト管理

たくさん売れるほど損失を出すことは避けたい。そのためには、製品企画で決めた目標部品コスト以下になるように製品設計を進めなければならない。それがコスト管理である。

設計者は、設計プロセスで常に部品コストを意識して設計する必要がある（図4.3）。

4.1.6 サービス性

いくら安全性と信頼性を配慮した設計を行ったとしても、想定を超えた使い方をされて製品が壊れてしまう場合がある。その場合には、ユーザーが製品を購入したあとに修理などのサービスを行う必要がある。この**サービスのしやすさ**が**サービス性**である。

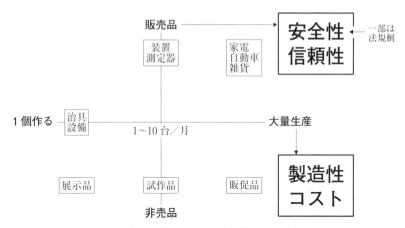

図4.3　大量生産する製品の設計には、製造性とコスト管理の知識が必要

4.1.7　まとめ

　製品を設計するには、ここまで述べてきた安全性・信頼性・製造性・コスト管理・サービス性の5つを配慮しなければならない。

　法規制がある安全性以外は、これらの配慮をしなくても製品を設計し販売することはできるが、販売したあとのリスクは非常に大きいものとなる。特に安全性と信頼性は、それらを怠って設計し製品が市場に出てしまうと、その被害を直接受けるのはユーザーである。このようなことから、安全性と信頼性の2つを合わせたものを一般的に設計品質ということが多い。

　筆者は、ソニーでプリンターの設計をしていた。世界初の技術でできたノズルを搭載したプリンターであったが、製品化を断念する結果となった。その部署には研究者や開発者が多く、前出の5つの壁の知識を持ち合わせている設計者はほとんどいなかった。製品化を断念することになってしまった原因の1つはそこにもあったのである。

　4.2～4.6節で、安全性・信頼性・製造性・サービス性を個々に説明する。コスト管理に関しては第7章「正しい部品コストの見積りを取得する」で解説する。

4.2 安全性～人に危害を加えない

4.2.1 安全性とは

　筆者がソニーに入社したばかりのころ、部品の設計から発注までの練習をするため、当時手描きの製図で使っていた字消し板を設計することになった（図4.4）。

　字消し板とは、シャープペンシルで方眼紙に描いた形状を、修正時に消しゴムで正確に綺麗に消すための、名刺サイズの厚み 0.3 mm ほどの板金のことである。板金には数種類の形状の穴が空いており、その穴を用いるとより綺麗に消すことができる。

　手描きの 2D 図面ができ上がり、当時の係長にその 2D 図面を見せに行ったところ、最初に指摘されたことは「部品の角には R（Radius 半径）を付ける」ことであった。材料はステンレスの厚さ 0.3 mm であり、4つの角が直角になっていれば、皮膚に刺さったりして危険である。よって、4つの角には R をつけて怪我をしないようにする必要があったのである（図4.5）。

　部品の角に R を付けることは、板金以外のあらゆる材料の部品でも同じであり、設計の基本中の基本である。しかし、この安全性の存在を知らなければ R を付ける人は少ないであろう。

　安全性の定義は、**人への危害または財産の損傷の危険性のリスクが許容可能な水準に抑えられる**ことである。簡単にいうと**人に危害を加えない**ことになる。

(出典)　ステッドラー日本㈱ HP

図4.4　字消し板 [1]

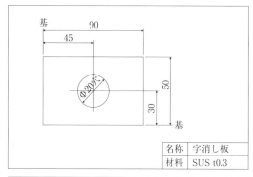

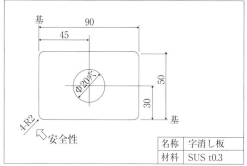

図4.5　安全性を配慮しない設計（上）と配慮した設計の図面（下）

　法律で定められていない安全性の項目は、ユーザーの立場で製品を使用する状態をイメージして決めていくとよい。また、2D ／ 3D データも、それをイメージして作成していく。

4.2.2　安全規格

　安全性は、法律でも定められており、各国に安全規格がある。電気製品では日本の電気用品安全法（PSE）、米国の UL 規格（これは民間企業が定めたものなので法律ではない）、欧州の CE 規格、中国の CCC 規格がある。

　法律で定められているこれらの内容は非常に細かく、読んでもなかなか理解できない。その理由の1つは、多くの製品に適応するように汎用的に書かれているからである。例えば「上面」と書かれていても、製品の設置の仕方によってはどこを上面と判断すればよいかわからない製品もある。

　規格は毎年改訂されるため、昨年の設計内容で問題のないと判断されても、

今年の規格書ではその内容が変更になっている場合がある。よって、誤った理解や認識のずれをなくすため、必ずその規格の専門家に判断を仰ぐ必要がある。

規格書に照らし合わせて設計内容に問題があるかの判断とアドバイス、そしてそのあとの認証取得を併せて対応してくれる企業があるので、設計プロセスのなるべく早い段階から、専門家のアドバイスを受けながら設計を進めるのがよい。

(1) 安全規格の事例(製品の通気孔)

製品の通気孔の位置は、その内部の基板の位置によって規定され、また通気孔の形状も規定されている。発火する可能性がある基板が燃えて基板上の部品が溶けて落下したとしても、通気孔から製品の外に出て人に火傷を負わせないためである(図4.6)。

樹脂で外装部品を作製する場合、その材料と厚みには規定がある。製品内部に発火する可能性のある部品があった場合に、たとえそれが発火したとしても外装部品は燃えないようにしなければならないからである。

樹脂材料には燃えにくさの指標である難燃グレードがあり、製品の部品には使用してよい難燃グレードがその厚みとともに安全規格で定められている。難燃グレードは、樹脂材料のカタログに記載されている。

(出典) 「直流安定化電源」、㈱カスタム HP

図4.6 安全規格で規定された、通気孔の位置と形状 [2]

図4.7　温度が規定されているランプブロック(左)と排気孔(右)

(2)　安全規格の事例(プロジェクターの温度)

　プロジェクターの内部には高温のランプがあり、それを直接手で触ると火傷をする。ファンの送風によって常に冷却されているが、ランプの交換時に火傷をしてはならない。よって、交換するランプブロックの指の触れる箇所には温度の規定がある。

　また、プロジェクターの使用時に排気によって低温やけどをしてはならない。よって、排気孔の出口の空気の温度には規定がある(図4.7)。

　これ以外にも非常に多くの規定があり、設計者だけの知識ですべてを理解して設計ができるものではない。

4.3　信頼性〜壊れにくい

　一般的に外国人が「日本製品は品質がよい」というときは、この**壊れにくい**こと、つまり信頼性のことをいっている場合が多い。つまり日本の設計メーカーは、この信頼性に関する検証とその体制の構築を、他国と比較して十分に行っている証である。

　パーソナルコンピューターのキーボードを例にあげると、「一定の回数を押しても壊れない」「一定の力で押しても壊れない」という2つの信頼性の検証項目がある。日本の設計メーカーは、このような信頼性の検証項目が多く、また判定基準も高いといえる。

　信頼性とは、**与えられた条件下で与えられた期間、要求機能を遂行できる**ことである。「与えられた条件下」とは、その製品が使われる温度や湿度などの

環境条件のことで、「与えられた期間」とは、想定する製品の使用期間と頻度のことであり、そして「要求機能」とは製品の本体仕様の内容のことである。例えばパーソナルコンピューターでは、「25℃環境で、△年間、キーボードを○Nの力で押して使用できる」ということになる。与えられた期間は、それを5年間とすると、(1日の使用時間)×(もっとも使用するキーの時間あたりの押し回数)×365日×5年で計算して回数に変換する。安全率も掛け合わせるとよい。

　信頼性には、カタログや取扱説明書の仕様の欄に記載されているものとないもの、そして規格のあるものとないものある。それぞれを組み合わせると以下の4つがある。それぞれを見てみよう。

① 　仕様に記載あり×規格あり
② 　仕様に記載あり×規格なし
③ 　仕様に記載なし×規格あり
④ 　仕様に記載なし×規格なし

　規格がない信頼性の項目は壊れる可能性のある部位や部品を想定して決めていくとよい。

4.3.1　仕様に記載あり×規格あり

　iPhoneの防水性能は、国際規格であるIEC規格のIP68である。IP68がどのような試験であるかを知っている人はほとんどいないが、規格番号がカタログなどに記載されていることが製品のアピールとなる。

（出典）　「防水性能評価とは」、日東工業㈱HP

図4.8　防水に関する認証を取得するための防水試験 [3]

Web で検索すれば IP68 の試験内容の詳細を知ることはできる。指定された機関で試験を行い（図 4.8、p.67）、認証を取得すればカタログなどに記載できる。

4.3.2　仕様に記載あり×規格なし

例えば、掃除機で「当社比較で 2 倍の吸引力」などとカタログに記載されているものがある。公の規格としては定められていないが、設計メーカーとしてアピールしたい仕様は「当社比較」でアピールすることができる。その試験方法や判断基準はわからず、他社との比較もできない。しかし、吸引力が大きく向上していることは理解できる。

4.3.3　仕様に記載なし×規格あり

市場で販売される製品では当たり前に実施されていて、JIS などで規定されている規格がある。例えば、カートンに入った製品の輸送時に、トラックの振動やカートンの落下に対して製品が壊れないことを規定する包装貨物 − 性能試験がある（図 4.9）。これは、市場で販売される製品は当たり前に実施されておりアピールにはならないため、どこにも記載されることはない。

つまり、規格の中には試験を実施しない製品はあり得ないものもあるので、ベンチャー企業は事前にどのような試験があるかの調査をしておく必要がある。

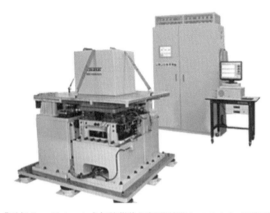

（出典）　「電気サーボモータ式包装貨物用振動試験システム」、国際計測器㈱ HP

図4.9　包装貨物 − 性能試験の中の振動試験[4]

4.3.4　仕様に記載なし×規格なし

　自社製品の優位性を高め差別化を図るために実施している試験がある。

　例えば、ノートパソコンのヒンジ開閉の耐久性試験や、キーボードの打鍵の耐久性試験などである。これらは JIS には記載がなく、それぞれの設計メーカーが自社の社内規格として定めている（図 4.10）。

　日本製品はこの信頼性が、世界の中で飛び抜けて秀でている。日本の自動車が 10 年間使い続けてもまったく壊れないというのは、この信頼性が高いからである。これは、日本製品が他国の製品と比較して絶対的な優位性をもっている。

4.3.5　信頼性の重要性

　設計メーカーは、ユーザーが製品を破棄するまで付き合い続ける心構えが必要である。補修部品の保管期間は法律では定められていないが、家電製品では一般的に生産終了から 8 年間となっている。サービスをいつまでも継続していくことはできないが、ユーザーは購入した製品を破棄するまで、何か問題が起これば設計メーカーに問い合わせするしかない。

　前職での業務においても、15 年以上前に定年退職した設計者が設計した製品について、設計部署に問い合わせが来たことがある。昔の図面を探し設計意図を考え回答をするのであるが、これはけっこう難しい。しかし、できる範囲で回答をする良心と努力は、ユーザーがその製品を使っている限りは必要である。ユーザーが頼るのは、その製品を設計したメーカーしかないのである。

（出典）　「安心と信頼の富士通品質」、富士通クライアントコンピューティング㈱ HP
図4.10　ノートパソコンのヒンジ開閉試験 [5]

4.4　製品の製造性～正しく組み立てやすい

　製造性には「製品の製造性」と「部品の製造性」の 2 つがある。最初に「製品の製造性」について解説する。

　製品の製造性とは、**一定のばらつき範囲内で継続的に正しく組み立てること**である。簡単にいうと、**正しく組み立てやすい**ことになる。「一定のばらつき範囲」とは本体仕様を満足する設計者が定めたばらつき範囲である。「継続的」には 2 つの意味があり、1 つはその製品の生産期間、例えば 3 年間継続的にという意味で、もう 1 つは作業回数、例えばコネクター挿しを 100 回継続的にという意味である。回数の多い作業で、作業者の爪が割れるようなことがあってはならないことをいっている。

　設計プロセスの試作セットの組立てでは、組立メーカーの製造技術の担当者にも一緒に試作セットを組み立ててもらう。それは、製品を正しく短い時間で組み立てるためには、どのような治具や工具、装置を使い、どのように組立作業を行えばよいかを一緒に考え、設計で対応できる内容は設計者にフィードバックするためである。

　正しく組み立てやすいほど、不良品が少なくなり D コスト（Defective Cost：不良の対応にかかるコスト）は削減できる。また、短い時間で組み立てることができれば、作業時間（タクトタイム）が短くなり、製品のコストは安くなる。

　設計プロセスの試作セットの組立てでは、主に次の項目を決める。

《生産の前に決める事項》

1) 　使用する治具
2) 　使用する装置／工具とその設定値
3) 　組立方法（ビス留め順など）

4.4.1　使用する治具

　汎用的な治具の必要性や、治具を新規に作製する必要があればその判断を行う。治具は製造技術の担当者が必要性を判断するものもあれば、設計者が作製を依頼するものもある。作業者が代わりやすく、作業者の自己判断で組立方法

が変わらないように、なるべく治具を作製して組立方法のばらつきをなくす必要がある。

4.4.2 使用する装置／工具とその設定値

特に設定値は確実に決めてから試作セットを組み立てたい。

例えば、ビスの締め付けトルクを決めないで電動ドライバーで組み立てたり、ドライバーを手に持ってビス留めしたりして、そのあとの振動試験などでビスが脱落する問題が発生したとする。締め付けトルクが決まっていなければ、その原因が締め付けトルクにあったのか部品の形状にあったのかわからず、試験はやり直しになってしまう。

4.4.3 組立方法

組立方法にあらかじめ指定があれば、設計者はもっとも適した組立方法を製造技術の担当者に伝える必要がある。

組立方法は、部品形状や治具でなるべく制約をつける。2本のビスを左から留める、もしくは右から留めるなどの組立順は制約をつけにくいが、たとえ設計的に組立順に制約をつける必要がないと思えても、想定するもっとも適した組立順を指定する必要がある。

大切なことは、組立方法をいつも同じにすることである。よって、設計者は製品の組立方法も設計内容に含まれている意識を持つ必要がある。中国の組立メーカーでは、組立順を指定しなかったばかりに、作業者によって組立順が変わり、それにより不良品が発生することがある。

4.4.4 設計で配慮すべき製造性

設計で配慮すべき製造性の主なものを4つあげる。

《設計で配慮すべき製造性》

1) 違う部品が取り付かない。
2) 部品が違う向きで取り付かない。
3) 部品が決まった位置に固定される。
4) 組立中に部品が変形、破損しない。

---

(1)　違う部品が取り付かない

　例えば 1 つの製品で、長さ 6 mm と 8 mm の 2 種類のビスを使用すると、作業者は見た目での区別が難しい。

　どちらか一方に統一ができなければ、明確に区別する方法として、色を変える、長さを 6 mm と 10 mm など極端に変えるなどして区別しやすくする。

(2)　部品が違う向きで取り付かない

　部品が決まった向きにしか取り付かないようにするため、逆付け防止（ダボ）を作製する（図 4.11）。これは設計の基本である。形状的に逆向きには付けられないようにするのである。作業標準書に、イラストで部品の向きを図示しているだけではだめである。人は必ずミスをする。

(3)　部品が決まった位置に固定される

　組立作業中に部品がずれたりしないように、部品には位置決め（ダボ＝部品同士を接合させる際に使用する円筒形の棒や突起）を作製する（図 4.12）。これも、設計の基本である。

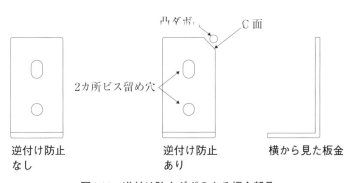

凸ダボ　　　　C 面

2 カ所ビス留め穴

逆付け防止
なし

逆付け防止
あり

横から見た板金

図4.11　逆付け防止ダボのある板金部品

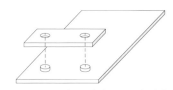

図4.12　位置決めダボのある板金部品

(4)　組立中に部品が変形、破損しない

部品には組立作業中に変形、破損しない程度の強度は必要である。

例えば、大きくて薄い板金部品であれば、部品を手で持ち上げたときやビスを留めるときに変形してしまうことがある。手で持って壊れない強度と工具などから受ける力で変形しない強度が必要である。

(5)　製品の製造性を配慮した設計

製品の不良品をなくすためには、これら《設計で配慮すべき製造性》を配慮しながら設計をしなければならない。設計者は、自ら製品を組み立てていることをイメージしながら2D／3Dデータを作成するとよい。製造性は、組立メーカーの製造技術で対応できる内容もあるので、製造技術の担当者と打ち合わせをしながら設計を進めたい。

4.5　部品の製造性〜正しく作りやすい

4.5.1　部品の製造性とは

部品の製造性とは、一定のばらつき範囲内で継続的に正しく製造できることである。簡単にいうと、**正しく作りやすい**ことになる。

設計者は部品の製造性を配慮して設計を行うが、部品メーカーの所有している装置や工作機械、また作業者の技術スキルにより、その内容は異なる。そのため、部品の製造性の基本的なところは配慮して設計を行い、量産部品メーカーが決まった時点で担当者からアドバイスをもらい、製造性を盛り込んだ設計内容に修正する。

しかし、この修正はなるべく少なくしたい。したがって、量産部品メーカーを早めに決めて設計プロセスの早い段階からアドバイスをもらいながら設計を進めたい。

試作設計時は、製造性を配慮しない設計であっても部品メーカーは手作り部品(6.2節「手作り部品」参照)を作製してくれる。しかし、このような部品で多くの設計検証を済ませたあとに、量産設計のブロックで大幅な修正をすることは避けたい。すでに行った検証が無駄になってしまうかもしれないからである。

板金部品の場合は、手作り部品と金型部品を一貫して作製してくれる部品

メーカーがある。このような部品メーカーに発注すると、試作設計の段階から、金型で部品を作製するための製造性のアドバイスをもらうことができる。

　設計者が部品の製造性をあまりに意識し過ぎて、部品の機能をおろそかにした設計をしてはならない。設計者が機能優先の部品を設計したとしても、部品メーカーがその部品を作製する方法を考案することによって、部品メーカーの製造技術も向上するからである。日本の部品メーカーが、世界トップレベルの匠の技術を持つようになったのは、設計者の機能優先の設計内容に対して、部品メーカーが真摯に取り組んだ結果でもある。

4.5.2　金型で部品を作製

　製造性を配慮した設計は、主に金型で部品を作製するときに必要となる。

　板金の場合、金型で部品を作製する工程順は、「外形抜き→穴開け→曲げ」が基本である。図4.13のような逆方向に曲がっている形状の部品であれば、曲げ加工は2回行わなくてはならない。したがって、「外形抜き→穴開け→曲げ①→曲げ②」という工程になり、部品コストは上がり製造性のよい部品とはいえない。

　樹脂部品でも同じようなことがある。例えば、部品の側面に丸穴が開いていると、そこだけ金型にスライド機構を作製しなければならず、金型費は上がる。最終的には部品コストに反映されるので、部品コストが上がったのと同じことになる。よって、部品の製造性を配慮した設計は大切である。

4.5.3　製品と部品の製造性が製品に及ぼす影響

　筆者が中国に赴任したばかりの頃、中国人の友人と一緒に目覚まし時計を買

図4.13　曲げ加工を2回行う部品

いに行った。気に入った時計が見つかったので、積んである箱を1個手に取り
レジに向かおうとしたところ、その友人は「ダメ、ダメ、動くか確認して」と
言った。その友人は積んである箱の中から適当に5〜6個選び出し、全部の箱
を開けて付属の電池を入れて動くことを確認し、その中の1個を筆者に渡した
のであった。これは、中国人の友人にとっては当たり前の行動のようだった。
ちなみに、友人の選んだ1つの箱の時計は、針が脱落していた。

　2016年頃に、中国人が観光で日本に押し寄せて、炊飯器を爆買いしている
光景がテレビで放映された。実は、中国でも同じ日本メーカーの炊飯器は販売
されているが、それでも日本製がほしかったのである。その理由は、「Made
in Japan」の表記が証明する、**日本で生産した部品を使って日本で組み立てた
製品**がほしかったのである。

　中国で生産した製品や部品は製造性が日本ほどよくないため、ばらつきが大
きく、その結果とし製品に不良品が発生する。目覚まし時計の現品確認と観光
客の爆買いは、このことを懸念しての中国人の行動であった。

4.6　サービス性〜修理しやすい

　製品は、ときとして壊れるものである。設計メーカーの品質基準にのっとっ
て設計した製品であっても、その品質基準を上回る使い方や想定外の環境で製
品を使用するユーザーがいるからである。

　また、設計メーカーがあらかじめ経時変化による劣化を想定している交換部
品もある。よって、製品は必ず修理することを想定して設計しなければならな
い。このときの**修理のしやすさ**がサービス性である。サービス性の主な項目は
以下のとおりである。

《**設計で配慮すべきサービス性**》
1) 一般工具で部品の取り外しと取り付けできること
2) 全分解しなくても交換部品が交換できること
3) 1人が両手で作業ができること
4) 作業が危険でないこと
5) 製品を元に戻せること

　筆者が過去に 20 インチのモニターを設計したとき、50 cm くらいの長いドライバーでなければ基板を交換できない設計をしてしまった。製品の組立ては一般的な長さの電動ドライバーでできるが、基板を交換するときには長いドライバーが必要になるのである。このように、修理時に極端に長いドライバーを使用しなければならいような設計は、サービス性のよい設計とはいえない。サービスの部署の指定する、一般的な工具で交換ができる設計にすべきである。

　接着剤や粘着テープを使用した部品は、その部品を一旦分解すると元に戻せなくなる。このようなときの部品交換は、単品部品の交換ではなく、いくつかの部品が組み立てられた状態の部品を交換することになる。iPhone の背面ガラスは、接着剤で固定されているため、ガラスが割れたら製品の交換になってしまう。よって、特別なメリットがない限りは、接着剤を用いないで分解できる設計にしたほうがよい。

　このように修理方法に関しては、「部品単品で交換」「組み立てられた部品で交換」「製品ごと交換」など、提供する補修部品の形態をあらかじめ決めておく必要がある。そして、この補修部品を在庫として一定数を常備しておくことも必要である。

　ユーザーが所有している製品のある部品が壊れてしまったからと、そのたびに 1 個ずつ部品メーカーに発注していたら時間がかかり、また部品を 1 個だけ発注すると部品コストは高くなる。金型部品であればなおさらである。

　しかし、在庫を常備しておくと、大きな部品であれば倉庫の保管費用が発生する。「常備する部品」「修理時に発注する部品」「交換しない部品」を、生産開始前には決めておく必要がある。

　修理時に発注する部品は、生産中であれば、生産時に多めに生産して保管しておくことになる。現在は 3D プリンターで作製する交換部品もあり、金型で 1 個だけ作製するよりは安価である。しかし材料など、金型部品とは明らかに違いがあるので、その部品を用いた製品の検証は事前に行っておく必要がある。

　製品のサービスは、製品を販売した直後から始まる。部品をどの部品単位で交換するかなどをあらかじめ決めておかなくてはサービス対応ができないため、サービス体制は発売前に構築しておく必要がある。

4.7 その他の法規制

4.7.1 環境規制

　環境汚染に関する規制で、樹脂部品などで有害物質の使用を制限するものである。欧州 RoHS（Restriction of Hazardous Substances：有害物質使用制限指令）と中国 RoHS があり、カドミウム・鉛・水銀・六価クロムなどの使用を禁止もしくは制限する。日本においても JIS に盛り込まれている。

　人体や地球環境に著しい悪影響を及ぼす化学物質について管理し、生態系への影響や地球環境保全に対する影響を軽減することが、企業にとって大切なこととなりつつある。

4.7.2 環境負荷対応（カーボンニュートラル）

　現在、自動車の EV（Electric Vehicle）化に関連して、カーボンニュートラルという言葉をよく聞くようになった。カーボンニュートラルとは、温室効果ガスの排出を全体としてゼロとするものである。排出せざるを得なかった分については同じ量を「吸収」または「除去」することで、差し引きゼロをめざす。日本は 2050 年のカーボンニュートラルを目標に掲げ活動をしている。二酸化炭素の削減活動を求められるので、二酸化炭素の排出量を見える化し、その削減活動を行っていくことになる。

　二酸化炭素削減については、電力使用量削減、廃棄物発生量の削減などを行っている。そして、二酸化炭素排出量については、国（環境省／経済産業省）からガイドラインなどが発信されているので、最新の情報を把握して対応する必要がある。

第5章

設計審査・検証で 設計品質を維持する

5.1 設計審査・検証の内容と目的

5.1.1 設計審査・検証の内容

　設計審査と設計検証は、設計のアウトプットデータが下記の項目を満たしているかどうかを確認することである。

《設計審査・検証項目》

1) 製品仕様
2) 安全性
3) 信頼性
4) 製品／部品の製造性
5) サービス性
6) コスト
7) 設計基準

---

　1)の製品仕様は、設計構想の内容であり、2)～6)は4.1節「製品設計5つの壁」のことである。

　7)の設計基準とは、社内で統一したい設計内容のことである。企業のロゴの形状や大きさ、位置、色、特定部分の形状などがある。アップル製品の白色は、すべて統一された白色となっている(白にも赤みがかった白、青みがかった白がある)。これらは、自社製品にブランドの統一感をもたせるためである。

5.1.2 設計審査・検証の目的

　設計審査の目的は、設計アウトプットデータである3D/2Dデータ、2D図面と部品表が、上記《設計審査・検証項目》の1)～7)の項目を満足していることを確認して、次のステップである「部品発注」や「量産部品(金型)作製」に

進んでよいかどうかを判断することである。

　設計検証は、試作セットが 1)〜7)の項目を満足しているかどうかを確認して、「量産設計」もしくは「生産」のブロックに進んでよいかの判断材料にする。試作設計を 2 回行う場合は、2 回目の試作設計に進んでよいかどうかの判断材料となる。

　設計審査は設計データのみで確認し、設計検証は試作セットで試験や測定を行い確認する。設計審査において、設計データのみで確認できる項目には限界があるが、現在は 3D CAD でのシミュレーション技術が格段に向上してきているため、その確認の精度は高くなってきている。

　2000 年頃、日本の製造業に、ISO 規格(International Organization for Standardization)を取得しようという機運が高まった。ISO とは国際標準化機構のことであり、同じサイズのメートルネジであればどのネジ穴にも取り付くのは、ネジが ISO の規格に準拠して作られているからである。

　設計領域にも、設計品質を維持する規格として ISO 9001 が発表され、この認証を取得した設計メーカーで設計された製品は、「自社で定める設計品質を維持して設計されている」と解釈されることになった。その後、認証の更新をやめる設計メーカーもあったが、ISO 9001 の大切なポイントである設計審査と設計検証は多くの設計メーカーに残ることになった。つまり、設計メーカーが常に一定の設計品質を維持しながら継続的に製品を設計するためには、設計審査と設計検証が重要なのである。

　設計品質は高いに越したことはないが、「自社で定める設計品質」という考え方が大切である。自社で定める設計品質のレベルは、設計審査と設計検証の項目数とその判定基準で決まる。もちろん、項目数が多く判定基準が高ければ、その製品の品質レベルは高いといえるが、それにつられて設計期間が長くなり、また技術者も多く必要となる。結果的に製品の価格は上がるため、設計メーカーの設計品質のレベルは、その設計メーカーの経営的な決めごとといえる。

5.1.3　設計審査・検証を実施する重要性

　設計修正は、設計プロセスのあとになればなるほど、その修正時間と費用は 2 次関数的に増大する。

　例えば、ポンチ絵の段階で設計ミスが見つかれば、数分でそれは修正できほ

ほ費用はかからない。しかし、3D CAD で形状を描いている段階で設計ミスが見つかれば、その形状を修正するのに数十分はかかる。試作セットの組立て中に設計ミスが見つかれば、その部品の追加工には数時間がかかる。試作部品の再発注になれば、2 ～ 3 日が必要となり数 10 万円の費用が発生するだろう。

さらに設計が進み、金型ができ上がったあとに設計ミスが見つかれば、金型の修正費用は 50 ～ 100 万円ほどかかり、修正期間も 1 週間は必要となる。生産開始後の製造ラインで設計ミスが見つかれば、即生産はストップとなり、部品交換などにかかる費用は数 100 万円くらいであろう。

ユーザーに製品が渡ってしまってしまってからの部品交換や改修にかかる費用は数千万円から億単位になることもある。タカタ㈱のエアバッグ問題で 1 兆円以上の改修費用が発生したのは、最悪の事態になってしまったからである。

よって、設計プロセスのなるべく早い段階で、設計ミスをあぶり出し生産まで持ち越さないようにするべきである。そのために必ずすべきことが設計審査と設計検証なのである。

5.1.4 設計審査・検証記録の保管の重要性

設計審査と設計検証の記録の保管は重要である。特に最後に行った設計検証の記録は重要である。それはその記録が、これから生産される製品の実力を表しているからである。

生産開始後に市場で品質トラブルが発生した場合、その原因究明のために最終の設計検証の記録は欠かせない。また、すでに設計部署から異動や退職してしまった設計者が設計した製品に品質トラブルが発生した場合は、設計検証記録に頼るしかない。これらの記録は、決められた手順で作成→発行→保管しなければならない。この記録は、設計メーカーの大切な設計資産であり、この管理は ISO 9001 の観点からも大切である。

5.2 設計審査の実施ノウハウ

次に設計審査の実施ノウハウを列挙する。

《設計審査の実施ノウハウ》

1)　ポンチ絵で簡易設計審査

2)　設計審査のタイミングは 3D データの完成度が約 90 ％
3)　修正点は多いほどよい。
4)　別製品の設計者からのアドバイスでスキルアップ
5)　他部署、協力企業からのアドバイス
6)　事前に設計審査・検証項目をリスト化

5.2.1　ポンチ絵で簡易設計審査

　設計プロセスの最初の設計審査は、1 回目の試作設計において部品発注をする前に行うが、その前のポンチ絵の段階で簡易的に行っておくとよりよい。もし、3D データがほぼ完成したあとに設計審査を行い抜本的な修正が入ると、その修正作業のために日程が大幅に遅れることになってしまうからだ。

　製品の設計は、プラモデルを組み立てるのとは違い、まったく何もない状態から形状を作り上げる。その設計パターンは無限にあり、その中には正解と不正解がいく通りもある。設計者はその中の 1 つを選択して設計を進めるのであるが、設計者の一存で設計を進めてしまうと、あとから致命的な問題点が見つかり抜本的な見直しが必要になる場合もある。よって新規要素の多い製品の設計は、ポンチ絵の段階で簡易的な設計審査を行うことをおすすめする。

　筆者が前職で設計をしていたとき、設計プロセスの後半に差し掛かってくると「最初から設計し直せれば、もっとよい設計ができるのに」と毎回同じことを思っていた。しかしそれにはきりがなく、設計は一度決めた設計方針を突き進むしかない。その突き進む設計方針を決めるのが、ポンチ絵での簡易的な設計審査なのである。

5.2.2　設計審査のタイミングは 3D データの完成度が約 90 ％

　3D/2D データと 2D 図面の作成がすべて完了したあとに設計審査を行うと、修正による設計の手戻りがあまりにも大きく、日程に影響を与えかねない。

　設計審査を実施するタイミングは 2D 図面をまだ作成する前の、干渉チェックなどの最後の仕上げをする前に行うのが妥当である。設計の手戻りがあまりにも大きいと、設計者のモチベーションは下がってしまう。

5.2.3　修正点は多いほどよい

　新人の設計者は別とし、設計者のスキルにそれほど大差はない。設計審査の

結果、見つかった問題点の数が極端に少なかったとしたら、それは設計の完成度が高かったのではなく、問題点を見つけることができなかったと考えるべきである。つまり、問題点の修正を先送りしていることになる。

　製品カテゴリーや部品点数によって問題点の数は異なるが、問題点が少なかったからと安心してはならない。

5.2.4　別製品の設計者からのアドバイスでスキルアップ

　設計審査は、その製品にかかわらない設計者からのアドバイスをもらうことによって、設計者自身がスキルアップできる絶好の機会である。製品に関係ない設計者は言いたい放題の場合もあるが、是非設計審査に参加してもらい、貪欲に他の設計者のノウハウを吸収したい。

5.2.5　他部署、協力企業からのアドバイス

　現実には、製品にかかわる多くの部署の担当者が同時に設計審査の会議に参加することは難しいため、個別に相談に行くとよい。

　製品にかかわる多くの部署とは、安全性をみる安全規格の部署、信頼性をみる品質管理の部署、製品の製造性をみる製造技術の部署、サービスの部署などのことである。

　協力企業とは、部品の製造性のアドバイスをくれる成形メーカーやプレスメーカー、金型メーカーのことである。

5.2.6　事前に設計審査・検証項目をリスト化

　設計審査・検証は系統だったリストを作成したうえで実施する（図5.1）。縦に《設計審査・検証項目》(p.79)の1）〜7）の項目を大項目とし、それぞれに実施する小項目を列挙する。そして、横に設計審査・検証の実施時期を「審査1」「検証1」「審査2」「検証2」……と列挙する。設計審査ができない、もしくはしない項目には斜線を引いておく。設計審査をしない項目は、必ず設計検証が必要となる。実際の項目は、図5.1よりもさらに細分化され別のリストになっている項目もある。

　設計審査の会議は、漠然と3D/2Dデータなどを眺めながら「何か問題点はありますか？」となりがちである。それでは、なかなか問題点は見つけられない。「信頼性に関して、荷重の加わる部位が2カ所あるので、順番に確認しま

	審査1	検証1	審査2	検証2	審査3	検証3
製品仕様 質量						
輝度						
騒音レベル						
安全性 転倒角						
絶縁抵抗						
部品温度						
信頼性 ヒンジ耐久						
トラッキング						
防水試験						
製品の製造性 逆付け防止						
位置決め機構						
部品の製造性 底カバー (金型)						
ダクトB						
サービス性 フィルター						
基板A						
基板B						
コスト 機構部品						
電気部品						
設計基準 ロコの位置						

図5.1 設計審査・検証を確実に行うためのリスト

す」や「交換部品が7つあるので、交換可能か順番に確認します」というように具体的に項目化して設計審査を進めると、漏れのない確実な設計審査ができる。

5.3 設計検証の実施ノウハウ

5.3.1 重要度のランク付での注意点

設計検証では、設計者が試作セットで試験や測定を行う。品質管理の担当者と協力して行ってもよい。

実施する項目は、基本的に《設計審査・検証項目》(p.79)の1)〜7)のすべてであるが、1つ前の設計検証で問題なしと判断された項目については実施しないこともある。また設計審査で確認済みであれば、設計検証では確認しない項目もある。実施する、実施しないに関してはあらかじめリストで決めておく。この決めた内容が、対象製品における自社で定める設計品質となる。

問題点が見つかると、A/B/Cなど重要度のランク付けをする場合があるが、基本的には、修正する／しないを明確にするのがよい。その理由は、「できれば修正する」のようなランク付けは、結局修正を行わずあと回しにしてしまうからである。修正は、実施するかしないかの2通りしかないので、その判断をするべきである。

ただし生産直前になれば、生産の日程を遅らせても修正を行うことの重要性と、生産の日程を守ることの重要性を天秤にかける経営判断をしなければならないこともあるので、そのときには重要度を付けてもよい。ただし、安全性や環境規制にかかわる法規制を満足せず生産を開始してはならない。

5.3.2 設計検証の試作セットは、最終製品の状態で

設計検証で試験する試作セットは、限りなく生産される最終製品に近い状態にしておかなければならない。まだ設計の初期の段階にあるからと、いい加減な状態で試験してしまうと無駄な時間を費やしてしまうことがある。

まだ、ブラウン管の時代であった頃の筆者の話である。製品の内部を走っている線材はとても多く、それらを綺麗にクランパーで処理するのは面倒な作業であった。試作セットの試験前後では、内部の確認のため組立てと分解を何回も繰り返す。試験前には、線材の処理も最終製品の状態にしておく必要がある

のだが、筆者はそれが面倒であったため、適当な状態にしたまま試験をしてしまった。落下試験を行うと、製品内部のブラウン管の1部分が割れたのである。

　柔らかい線材がその原因になっていることに筆者は気づかず、最終的に5個のブラウン管を割ってしまった。線材が落下の衝撃で製品内部で突っ張り、ある基板を介してブラウン管を割っていた。最終製品の状態にして試験をすることを怠ったために、丸2日の時間を無駄にしてしまったのである。

　設計検証は、もっとも最終製品に近い状態で試験をしなければならないが、試験の種類はとても多く、準備を怠りがちである。試験の準備には手間や時間がかかるが、急がば回れである。

第6章

部品を作製する

　設計プロセスにおける試作設計と量産設計のブロックで作製する試作部品
は、材料が違い形状は若干異なる。試作設計での試作部品は、多くても100個
くらいの少数を1回切りの短期間で作製するので、少数を最も**早く**作れる方法
で作製する。

　一方、量産設計での試作部品は、多いものでは1回に数1,000個を継続的に
生産する量産部品と同じ方法で作製する。よって、大量に**速く**作れる方法で作
製する。「早く」と「速く」の違いである。それらの作製方法は、樹脂、板金、
金属でそれぞれ異なり、また部品メーカーも異なってくる。

　試作設計では部品メーカーの作業者が1個1個手で作製していくので**手作り
部品**といい、量産設計では大量生産のために金型を作製して成形機で作製する
ので**金型部品**という（図6.1）。

　本書では、金型部品であっても、生産前の量産設計ブロックで作製したもの
は、（金型の）試作部品といっている。

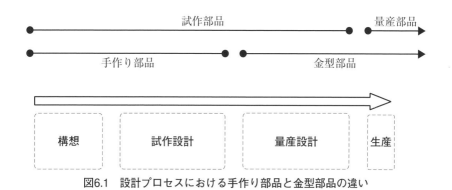

図6.1　設計プロセスにおける手作り部品と金型部品の違い

6.1　金型部品

6.1.1　金型とは

　樹脂部品の金型は、タイ焼きを作る鉄の型のようなものである。まったく同じ形状の部品を 30 秒ほどで作製できる。1 つの金型で、合計約 30 万個の部品を作製することができる。

　主に樹脂部品、板金部品、金属部品の金型があり、金型で樹脂部品を作製することを**射出成形**、板金部品を作製することを**プレス成形**、エンジンの部品のような金属部品を作製することを**ダイキャスト**と呼ぶ。樹脂の金型と金属の金型は類似しているので、本書では樹脂の金型について説明する。

6.1.2　2 次加工

　部品を金型から取り出したあとに行う加工を **2 次加工**という。樹脂部品は、射出成形が終わると部品を金型から取り出し、樹脂の入り口であるゲートを切断する。プラモデルの部品を切り離す要領と同じである。ゲートは自動的に切断される場合もあるので、あまり 2 次加工とはいわないが、このあとに部品仕様に応じて溶着や塗装、印刷などの 2 次加工がある。

　板金部品の 2 次加工は、板金同士を接続する溶接やバーリングカシメ（図 6.2）、鋭利な端面のバリを取り除くバリ取り、体裁面を綺麗に見せるヘアライン加工などの表面処理、塗装や印刷、メッキなどがある。板金は錆びるのでメッキが必要になるが、板金材料そのものにメッキなどがすでに施してある材料も多い。

（写真提供）　㈱平出精密

図6.2　板金部品の2次加工（バーリングカシメ）

（出典）　「藤本の技術とこだわり」、藤本工業㈱ HP
図6.3　ダイキャスト部品の2次加工（バリ取り）[1]

ダイキャスト部品は、バリが多く発生するので、（ダイキャスト）成形後にバリ取りが必要になる。現在は、このバリ取りをロボットで行うメーカーもある。

寸法精度の必要な箇所は切削加工を行い、そのあと腐食を防ぐ表面処理を行う。体裁部品であれば、塗装や印刷も行う。ほとんどのダイキャスト部品は、「バリ取り→切削加工→表面処理」の2次加工を行うため、必然的に部品コストは高くなる（図6.3）。

6.1.3　金型を作る判断基準

樹脂の量産部品は、一般的に金型で作製する。3Dプリンターでも量産部品を作製できるが、信頼性・材料・体裁の観点から、量産部品での採用はまだ少ない。板金部品と金属部品は少量生産であれば金型を作製しない手作り部品でも対応できるが、生産数の多いものは金型を作製する。

金型作製するかどうかの判断は、次のように計算するのが一般的である。以下のa）とb）を比較してb）のほうが高ければ、金型を作製する。

---

a）　（金型部品コスト×総生産数）＋金型費

b）　手作り部品コスト×総生産数

例えば、板金でできたブックエンドがある（図6.4）。3年間にわたり月に50個（ロット50個／月）を生産すると考える。金型で作製した場合、部品コストを1個100円、金型費を200万円とし、手作りで作製した場合の部品コストは1個1,500円とする。

図6.4　板金でできたブックエンド

　金型と手作りで作製した場合の合計の費用は次のとおりになる。

金型）　100 円 ×（50 個 × 12 カ月 × 3 年）+ 200 万円 = 2,180,000 円

手作り）　1,500 円 ×（50 個 × 12 カ月 × 3 年）= 2,700,000 円

　上記のとおり、金型を作製したほうが合計の費用が安くなることがわかる。
ロットと生産年数が変われば、手作りのほうが安くなる場合もある。製品企画
で、ターゲットユーザーを決め生産数を決めることは、ここでも重要になって
くる。

　ブックエンドであれば、大きさも小さく形状もシンプルなので、金型費は安
く資金的なハードルは低い。しかし家電製品となれば、この金型費はぐっと高
くなる。

　樹脂でできた 40 インチ液晶テレビのベゼルの金型費は約 1,000 万円である。
リアカバーや内部の部品の金型も作製すると、その合計は 5,000 〜 6,000 万円
になる。ベンチャー企業が 40 インチ液晶テレビくらいのサイズの製品を金型
で作ろうとしても、補助金だけで金型費を賄うのは困難となる。

　つまり、ベンチャー企業が樹脂部品で大きな製品を作るのは資金的にハード
ルが高いので、適切に設計プロセスをこなして失敗しないように製品化を進め
なければならない。

6.1.4 金型作製の日程

　金型の作製には、約2カ月の期間が必要になる。もちろん部品の大きさや形状の複雑さによって作製期間は異なってくる。金型の加工を開始してから完成するまでが4〜6週間、その後成形機に取り付けてある程度満足できる部品ができるようになるのに1〜2週間かかる。このときを1stトライといい、設計者が立ち合うことが多い。

　ここまでの約2カ月の間にも設計者は検討を進めており、その検討結果による金型修正を盛り込むため、さらにそこから1〜2週間後に金型の試作部品を入手することができる（図6.5）。

　よって、金型を発注してから最新形状の金型の試作部品を入手するには、2カ月強の期間が必要となるのである。大きな部品や複雑な部品になると、約3カ月の日程はみておいたほうがよい。

　金型を作製する場合は、日程表にその日程も盛り込んでおく必要がある。複数の部品があると、金型作製期間の長い部品と短い部品が混在するが、日程は作製期間の長い金型に合わせて作成する。日程はなるべく短縮したいものであるが、この金型作製期間が全体日程に与える影響は大きい。

6.1.5 金型部品の設計スキル

　金型部品を設計するには、金型に関する知識が必要である。板金部品の場合は、金型を作製する段階でプレス成形の部品メーカーおよび金型メーカーと打ち合わせを行い、金型に対応する形状に部品を微修正する。

　樹脂部品も金型を作製する段階で、射出成形の部品メーカーおよび金型メーカーと打ち合をし、金型に対応する形状に部品を微修正するが、その修正内容は板金と比較して多いため、設計を開始する段階から金型で部品を作製することを配慮しておく必要がある。ベンチャー企業が設計者を採用するときは、この金型部品の設計スキルも採用条件の一つにしておかなければならない。

6.1.6 樹脂の金型と金型部品

　樹脂の金型は、部品を挟み込むように左右に金型があり、固定側を**キャビティ**、稼働側を**コア**と呼ぶ。これらの2つの金型は大きな力（型締力）で閉じられ、空いた空間に溶けた樹脂が圧力（樹脂圧）をかけて流し込まれる（図6.6）。そのあと、金型は冷却され樹脂は固まり、コアが開いてエジェクターピンが部

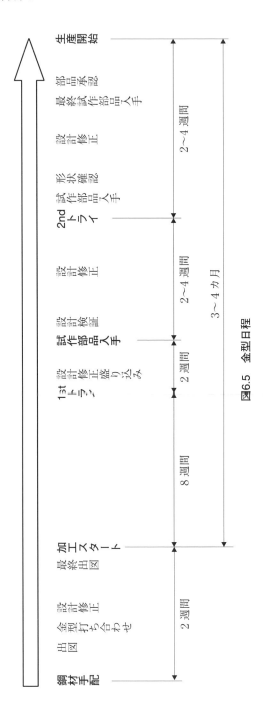

図6.5　金型日程

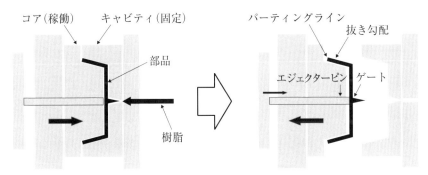

図6.6　樹脂の金型の概略図

品を突き出す。この合計時間は 30 ～ 60 秒である。

　樹脂の金型部品の形状には多くの制限がある。まず、樹脂が流れ込む入り口の**ゲート**である。これは、金型から部品を取り出したあとにニッパーなどで切断するが、切断した痕が残るので体裁部品ではなるべく目立たない位置にゲートを配置する。

　キャビティとコアの合わせ面は**パーティングライン**といい、そこには必ずバリが発生する。製品として組み立てたときに、指の触れやすい箇所や体裁として目立つ箇所にパーティングラインがこないように工夫する。

　樹脂が溶けて金型内を流れていくと、どこかで溶けた樹脂同士が合わさる。その合わさったところを**ウェルドライン**といい、肉眼でわずかに見える程度の細い線ができる。これも体裁部品であれば、なるべく目立たない位置にいくように、ゲート位置や複数のゲートへ樹脂の流れ込むタイミングを調整したりする。

　金型から部品を**エジェクターピン**で押し出すと、ハンコのような跡が部品のコア側にできてしまうため、コア側が組み立てた製品の内側になるようにして、部品を設計する。

　コアが稼働する方向に平行な面は、少し斜めになっている必要がある。平行になっていると、コアが稼働するときに部品がキャビティに擦ってしまうからである。よって、その面は 1 度以上の**抜き勾配**のある斜面にする。深さ50 mm のお弁当箱を金型で作るとすると、その底面から立ち上がった壁面の上端は 1 mm 弱外側に開くことになる。

　コアが稼働する方向に対して、垂直方向に凸や凹の形状もしくは穴を作製す

ることはできない。金型が部品に引っかかってしまうからである。このような部品形状を**アンダーカット**という。しかし実際には、コアの稼働方向に対して垂直方向の形状をもつ部品は多くある。金型にスライド機構を作製したり、押し切り面を作製したりして対応する。

　ある壁面に垂直な壁が立っている形状は、その交わりに若干凹に見える**ヒケ**が発生し部品が安っぽく見える。どちらかの壁の肉厚の調整が必要である。

　これらのように、樹脂の金型部品の設計には多くの配慮が必要になるので、誰でも設計できるわけではないのである。

　樹脂の金型部品で、設計時から配慮しておかなければならない形状や、金型の打ち合わせ時に、取り決めをしなければならない形状を以下にまとめておく（図6.7）。

《金型打合せで取り決める項目》

1)　ゲート
2)　パーティングライン
3)　ウェルドライン
4)　エジェクターピン
5)　抜き勾配
6)　アンダーカット
7)　ヒケ

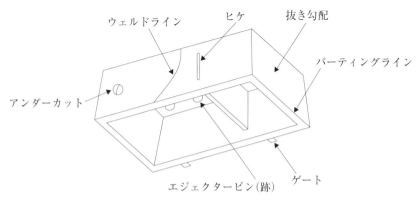

図6.7　形状に制約の多い樹脂の金型部品

6.1.7 板金の金型と金型部品

　板金の金型は、上から押し付ける金型をパンチ(雄型)、下の押し付けられる金型をダイ(雌型)という。一般的には、部品の外形を作製する金型、穴を作製する金型、曲げを作製する金型の3つで構成される(図6.8)。それぞれの金型を個別のプレス成形機に取り付けて、板金を「剪断(外形)→剪断(穴)→曲げ」の順番にプレス加工を行い、部品を作製する。外形と穴の金型は一緒になっている場合もある。

　板金の金型部品にも、形状に制限がある。その内容は、部品形状や部品メーカーのスキルによってさまざまに異なるため、樹脂のように一般的なものはあまりない。

　図6.9に一例だけ紹介する。板金の曲げ部分の近くに穴があると、板金の曲げ工程で板金の厚みの外側部分が引っ張られ穴が変形してしまう。よって、曲げ部にスリットを作製して変形しないようにする。形状が複雑になると、金型は3つ以上になり、どのような順番で部品形状を作製していくかをよく考えながら設計を進める必要がある。まれに、プレス加工が不可能な形状を設計してしまうこともあるので注意が必要だ。

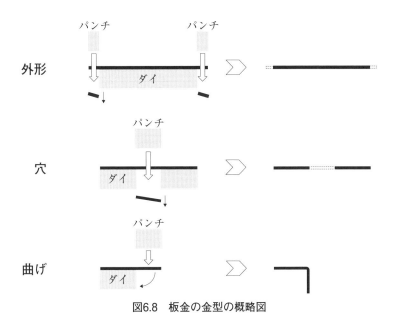

図6.8　板金の金型の概略図

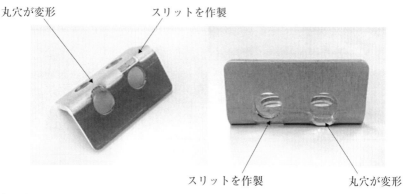

丸穴が変形　　　　　　　　　スリットを作製

スリットを作製　　　　　　　丸穴が変形

（出典）「精密板金曲げ加工で発生する穴変形の防止」、㈱平出精密 HP
図6.9　板金の金型部品 [2]

6.2　手作り部品

6.2.1　手作り部品とは

　試作設計のときは、試作セットの台数が少なく早く部品がほしいので、手作りで部品を作製する。展示会に出展する試作セットの部品、ロボット大会に出場するロボットの部品も手作り部品である。治具や装置のような数個しか作製しない製品にも、手作り部品が使われる。これらは100個以下の場合が多く、また1回きりで作製する場合がほとんどである。

　このような部品を作製するときは、金型は作製しない。では、ここから樹脂、板金、金属それぞれの手作り部品の作り方と特徴を見ていく。

6.2.2　樹脂の手作り部品

　樹脂の手作り部品の作製方法には、以下の4つがある。

《樹脂の手作り部品の作製方法》
1) 貼り合わせ
2) 切削加工
3) 注型
4) 3D プリンター

(1) 貼り合わせ

厚みが一定の樹脂の板を切り抜いて形状を作製し、それらを接着剤で貼り合わせていく（図6.10）。これが、貼り合わせである。

実は、金型で作製された樹脂部品は、全体的に0.6〜3mmくらいのほぼ均一の厚みになっている。サイコロのような塊の形状があると、溶けた樹脂がなかなか固まらないため、板状になっているのだ。このことから、樹脂部品は、樹脂の板を貼り合わせることによって作製することができる。

接着剤で貼り合わせた部品は壊れやすいため、強度を確認する試験には適していない。貼り合わせ部品は、金型部品とほぼ同じ形状を作製できるので、体裁面を磨いて塗装をすれば最終製品の部品と同じに見える。貼り合わせ部品は、次の項の切削加工の部品と接着することが多い。

(2) 切削加工

強度を確認したい部品は、切削加工で作製する（図6.11）。樹脂の塊を切削して形状を作製する。部品は一体であり金型部品に近い強度が得られるので、強度試験が必要な部品は切削加工で作製する。

(3) 注型

手作り部品でも、10個以上の場合は注型で作製する。貼り合わせで作製した部品を四角い箱に入れ、その中にシリコンを注入する。シリコンが固まるとそれを箱から取り出し、シリコンをカッターで2分割する。部品を取り出せば、

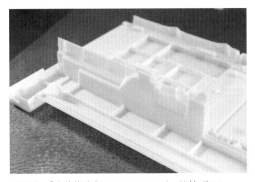

（出典）「大物樹脂加工にノウハウ」、㈱技巧HP

図6.10 貼り合わせで作製した手作り部品[3]

（出典）「2.MC ナイロン｜粗削り工具の検証」、㈱マクロス HP

図6.11　切削加工中の部品 [4]

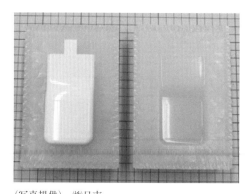

（写真提供）　㈱日南

図6.12　注型のシリコン型とその中の部品

その部分に空間ができシリコン型ができあがる（図 6.12）。

　次に、その空間に注型用の樹脂を流し込み、1 〜 3 時間かけて固めたあとに部品を取り出す。そのあと、ゲートの切断やバリ取りなどの 2 次加工を行い体裁を整える。

　1 つのシリコン型で 10 〜 20 個の部品を作製することができる。設計試作では試作セットを 20 〜 30 台作製するため、樹脂部品はこの方法を用いて作製することが多い。

⑷　3D プリンター

　最近の 3D プリンターは、比較的価格が安くコンパクトサイズのため、会社

（出典）「3D プリンター造形品〜リザーブタンク編〜」、㈱佐津川
　　　モールド HP

図6.13　3D プリンターの部品（光造形）[5]

や自宅でも簡単に設置できる。部品の作製時間は大きさによって差があるが、
3 〜 12 時間くらいである。

　3D プリンターで作る部品（図 6.13）は、基本的に試作部品が多いが 3D プリ
ンターで量産部品を作ろうとする動きも盛んである。

⑸　樹脂の手作り部品の選択基準

　樹脂の手作り部品のそれぞれの作製方法の選択基準は以下のとおりである。

《樹脂の手作り部品の選択基準》

貼り合わせ：2 〜 3 個だけ作製し製品の機能を確認したい、展示会に出し
　たい。

切削加工：強度がほしい。

注型：10 個以上作りたい。

3D プリンター：自宅、社内で早く作って機能を確認したい。

　樹脂の手作り部品は量産部品になりにくい。上記 4 つの作製方法に共通する
主な理由は、次の 3 つである。

- 部品コストが高い（作製に時間がかかる）。
- 材料の選択肢が少ない。
- 体裁が悪い（表面がザラザラ）。

　樹脂材料はその物性や色が重要であり、樹脂メーカーのカタログから選択したり、着色したりすることが多い。しかし、手作り部品に使用する板状の材料、塊の材料、注型の材料、3D プリンターの材料（フィラメント）に、設計者が必要としている材料があることは少ない。

6.2.3　板金の手作り部品

　板金の手作り部品は、外形加工と穴加工をタレットパンチプレス（図 6.14）、もしくはレーザーカッターで行い、そのあとにベンディングマシンで曲げることによって作製する。絞り形状は、部品メーカーが所有している標準の絞り型を使用するか、新規に絞り型を作製する。新規の場合は、もちろん金型費用は発生する。

　板金の手作り部品は、金型部品とほぼ同じ形状で作製でき、材料も同じ材料を使用できる。小ロットであれば、部品コストは高いが、最終製品の部品として使用することができる。小ロットから大ロットまで対応するため、プレス成形機も併せて所有している部品メーカーもある。

6.2.4　金属の手作り部品

　金属の手作り部品は、切削加工もしくは 3D プリンターで作製する。どちらも部品コストは高い。試作設計で形状の確認だけをしたいのであれば、樹脂の手作り部品で代用してもよい。切削加工、もしくは 3D プリンターで手作り部品を作製したとしても、ダイキャスト部品とは材料と物性も異なることは、頭

（出典）「加工事例」、㈱ニットー HP
図6.14　タレットパンチプレス[6]

に入れておくべきである。

3D プリンターで作製した部品は、コストが高く作製に時間がかかるため最終製品の部品として使われることは少ないが、補修部品としてはすでに多く活用されている。

6.2.5 樹脂、板金、金属の選択

大ロットの部品は、安価で速く生産したいため、材料費の安い樹脂が使われ金型で部品を生産する。エアコンやテレビなどの家電製品が樹脂でできているのはこのためである。

しかし、部品に強度をもたせたい、耐熱にしたいなどの要求があれば、板金部品になる。自動車のボディやトースターの外装部品はその典型的な例である。さらに強度が必要な場合は、自動車のエンジン部品などのダイキャスト部品となる。また、金属は高級感をもたすことができるため、アップルのパーソナルコンピューターの外装部品などで用いられている。

小ロットの製品は、高額な金型費を回収できないため、金型の不要な手作りの板金部品で作製する。職場のシュレッダーや高価な測定器などの製品が板金で作られているのはこのためだ。

このように、部品の材料は販売する製品の台数と、部品の果たす機能の両方を考えて選択する。

6.3 量産部品メーカーの選定方法

量産部品メーカーの選定方法は、経営的・財務的な視点と設計的な視点の 2 つがあり、本書では設計的な視点のみを次の 2 つに分けて解説する。また、中国などの海外の量産部品メーカーを選定する場合も想定して、その注意点についても解説する。

《量産部品メーカーの選定 2 つの視点》

1) 実務的な確認
2) 技術・品質的な確認

6.3.1　量産部品メーカーの実務的な確認

量産部品メーカーの選定にあたり、実務的な確認事項には次の5つがある。

《量産部品メーカーの実務的な確認事項》

1)　組立メーカーに近い

2)　見積明細書を提出してくれる

3)　主要取引メーカーが1〜2社に限られていない

4)　日本語通訳が常駐

5)　外資系の部品を取り扱った経験がある

---

(1)　組立メーカーに近い

すでに、製品の組立メーカーが決まっている場合は、その近くの部品メーカーを選定するのがよい。

生産開始時にはトラブルがつきものである。組立ての問題以外にも、部品品質の問題や承認部品とそれに付随する書類の問題、輸送／梱包の問題などさまざまである。生産開始時は、設計者は組立メーカーでこれらの対応も行うが、問題が発生したときに部品メーカーまで自動車で3時間かけて行かなくてはならない、などとなってしまっては、生産がストップしかねない。

部品メーカーと組立メーカーが近いにこしたことはなく、部品の輸送費も安くなる。

(2)　見積明細書を提出してくれる

量産部品メーカーが見積明細書を提出してくれるかどうかは確認しておきたい。量産部品は、試作部品のように1回きりの発注ではなく、製品を生産し続けている間は継続的に発注する。その期間内に、設計変更によるコストダウンがあったり、材料費が変動したりして、部品コストの見直しが必要なときがある。

見積明細書がなければ、その見直した部品コストの妥当性がわからない。見積明細書の提出を拒否するような部品メーカーとは、取引しないほうがよい。

(3)　主要取引メーカーが1〜2社に限られていない

部品メーカーの既存の主要取引メーカーが1〜2社に限られていて、これか

ら部品の作製依頼をするこちらの予定生産数が少ないと、対応が後回しにされがちになる。主要取引先の企業数とその売上比率を確認するとよい。

(4) 日本語通訳が常駐

　以下は、特にアジア圏の国々の部品メーカーを選定するときに注意すべき内容である。日本語通訳は常駐しているほうがよい。量産部品の作製を依頼してから生産が始まるまでの期間は数カ月があり、また生産中も部品メーカーとのかかわりは多い。常時、気軽にコミュニケーションを取れる日本語通訳がいたほうがいろいろと便利である。

　部品メーカーに常駐の日本語通訳がおらず、毎回臨時に通訳を用意してくれる場合があるが、毎回これまでの経緯を説明しなければならず、対応に時間がかかる。生産が始まると、その品質を安定させるためには、お互いのコミュニケーションによる信頼関係が重要な役割を果たすことも知っておくべきである。

(5) 外資系の部品を取り扱った経験がある

　日本の設計メーカーの部品を取り扱ったことがなくても、欧米の設計メーカーの部品を取り扱った経験がある部品メーカーがよい。自国内の企業としか仕事をしたことのない部品メーカーは、商習慣や品質レベルが日本人とかけ離れている場合があるので、部品作製が思うように進まず満足できる部品ができないことがある。

　もちろん、コストが安く品質がよければ、外資系の部品を取り扱った経験がない部品メーカーにチャレンジしてもよい。

6.3.2 量産部品メーカーの技術・品質的な確認

　量産部品メーカーの選定における技術・品質的な確認項目には、次の3つがある。

《量産部品メーカーの技術・品質的な確認事項》
1)　金型の修正を社内でできる。
2)　2次加工は社内で行う／測定器は社内にある。
3)　技術的な確認
4)　量産品質の確認

---

(1)　金型の修正を社内でできる

　金型を作製する部品の場合、その部品メーカーの社内で金型も作製しているのが一番よい。もしそうでないとしても、金型の修正は社内でできたほうがよい。

　金型ができ上がり、金型で作製した部品の確認のため部品メーカーを訪問したとする。確認後に金型の微修正が必要であった場合に、社内で金型修正ができれば、当日や翌日には修正部品の確認ができる。しかし、金型修正を別メーカーに依頼するとなると、金型運搬用のトラックの手配から始まるため、修正部品の確認に2～3日が必要となることがある。金型の修正を自社でできることは、海外出張の日程が限られている場合は、特に重要となる。

(2)　2次加工は社内で行う／測定器は社内にある

　2次加工はなるべく社内でできたほうがよい。塗装や印刷、メッキは、化学を使用するため環境的に工場の立地地域が限られるため、社内にその設備がなくても仕方はないが、それ以外の2次加工は社内でできたほうがよい。

　特に、板金部品の溶接やダイキャストの切削加工などは、社内で一括してできないと、立ち会いに行き修正があった場合、部品を持って2次加工メーカーまで行かないと最終確認ができないことになる。海外出張の日程は限られているので、2次加工は極力社内でできたほうがよい。

　完成した部品を検査する測定器も同じである。例えば、3次元測定器は大きく高価であるため、所有していない部品メーカーは多い。測定だけ、別の日に別の企業で行うことなどがあっては時間の無駄である。

　作製依頼した部品が、どこまでの加工を依頼した部品メーカー(1次メーカー)の社内で行い、どの加工を外注(2次メーカー)するかは絶対に知っておく必要がある。自分の担当する部品が「どこで、どのように」作られるかを知っておくことは設計者の基本である。部品メーカーを訪問し社内の4Sを自分の目で確認したとしても、実際の加工のほとんどを2次メーカーで行っていたら、その確認は意味がない。

　日本の部品メーカーは、1次メーカーと2次メーカーの連携がしっかりできているが、中国ではそうではないことが多い。形式的には、1次メーカーが2次メーカーを管理していることになっているが、実質は放置状態である場合がほとんどである。そのためにも、極力2次加工は目が届く1次メーカーの社内

でできたほうがよい。

(3)　技術的な確認

　部品の技術的な点を確認するには、展示品や製造中の他社の部品を見せてもらうのが一番わかりやすい。他社の部品を見るときは、もちろん部品メーカーの担当者に許可を得る必要がある。

　製造中の部品は、2次加工を行う前の状態を見ることができるため、部品メーカーの技術レベルを確認するには、もっともよい方法である。その際には、知見のある設計者に同行してもらうとよい。

(4)　量産品質の確認

　生産後の量産品質を確認するのはとても難しい。基本的な確認項目は次のとおりである。

《量産部品メーカーの品質的な確認事項（図6.15）》

1)　事務室、作業現場、測定室、倉庫が整理整頓されている。
2)　壁の掲示がきれいである。
3)　倉庫のカートンが潰れていない。
4)　使用中の材料(特に樹脂)の袋が、開けっぱなしでない。
5)　床に部品などが乱雑に直置きされていない。
6)　不良品置き場が明確に表示されている。
7)　作業標準書が作業者に見える位置に掲示されている。

　量産部品メーカーを決める前の、見積りなどで営業担当者や技術担当者とやりとりするときの対応は大切な判断材料である。約束を守るか、依頼内容に確実に応えてくれるかなどである。

　不良品は意図的に作られるものではなく、生産期間中の繰り返し作業の中で当たり前にすべきことを怠ってしまったことから発生する。このような当たり前のことができない部品メーカーの量産品質は、決してよくない。

6.3.3　量産部品メーカーの探し方

　量産部品メーカーの探し方には、次の4つの方法がある。

整理された部品棚と掲示物

整然とした作業場

整然と保管された金型

整然と保管された在庫

確実に区別された
廃棄物

床に乱雑に
置かれた部品箱

潰れた
カートン

開いたままの
材料袋

※部品メーカー選定リストを、上の QR コードよりダウンロードできます。

図6.15　4S（整理、整頓、清掃、清潔）ができている部品メーカー（上の写真5つ）とで
　　　　きていない部品メーカー（下の写真1つ）

《量産部品メーカーの探し方》

1)　紹介してもらう、ホームページで探す

2)　商社に依頼して探す

3)　マッチング企業を経由して探す

4)　OEM/ODM 企業に任せる

---

(1)　紹介してもらう、ホームページで探す

　Webで「板金　量産　絞り加工」のように部品の特徴を入れて検索し、ホームページに掲載されている写真にこれから作りたい部品に類似した部品がある

異形状深絞り加工＋シリコンシール付　HM33カバー部品　化粧品カバー

（出典）　「異型状深絞り加工」、㈱エムアイ精巧 HP

図6.16　部品メーカーのホームページの写真を参考にする[7]

かを確認する（図 6.16）。次に電話、もしくはメールで部品の概要を伝える。もちろん、2D 図面をメールで送ってもよい。伝える内容は、主に次のとおりである。

《量産部品メーカーに伝える項目》

1)　部品の大きさ
2)　材料（板金は厚み）
3)　特徴的な形状
4)　生産ロット（○個／月）

部品の大きさは、所有している工作機械のサイズの確認となる。例えば同じ板金部品メーカーであっても、コネクター端子のような小さい部品、ブックエンドのような中くらいの大きさの部品、冷蔵庫の外装部品のような大きい部品では、部品メーカーが異なることが多い。

材料は、入手可能であるか、あるいは加工できる工作機械があるかの確認になる。0.3 mm 以下の薄い板金は、加工できない板金部品メーカーもある。

特徴的な形状は、部品メーカーの持つ技術で加工可能であるかの確認である。口頭で説明しにくい場合は、図面やイラストを送ることになる。深い絞り形状などが、この典型的な例である。

生産ロットは、部品メーカーの規模（作業者と所有する工作機械の数）の確認になる。例えば、生産ロット 10,000 個／月と希望しても、部品メーカーの規模によって対応できないこともある。最近の日本の部品メーカーは、規模を縮

小しているのでこの確認は重要である。

(2)　商社に依頼して探す

　特に海外の部品メーカーを探すときは、現地に海外支店を持っている商社に依頼する場合が多い。商社経由で量産部品を発注すると、部品コストは約3％上乗せになる。その代わり、部品メーカーを探す手間が省け、他の部品も一緒に依頼すれば取引が一本化されるので、購買業務の工数が軽減できる。

　部品の打合せは商社が代行してくれる場合もあれば、商社立ち会いのもとで部品メーカーと直接行うこともある。特に海外の部品メーカーと取引を行う場合は、後者をおすすめする。それは、自分の部品がどこで、**どのように作られる**のかを知っておくことは、量産品質を維持のための基本だからである。

　生産期間中の量産品質の維持は、基本的には商社が責任を持ってくれることになっているが、商社の海外支店の規模とスキルから、そこまでは実質無理な場合がある。商社経由であっても、海外の部品メーカーを直接訪問し、量産品質の確認を行うことは必要である。

(3)　マッチング企業を経由して探す

①　紹介と仲介

　マッチング企業に、部品メーカーの紹介だけをしてもらい紹介手数料を支払うパターンと、商流／物流にマッチング企業が入り、量産品質も併せて管理してもらう仲介のパターンがある。

　ホームページで部品メーカーを探すには、部品メーカーを見きわめる技術的な目と、専門用語での会話が必要となる。それを代行してもらうのが前者の紹介である。後者は、基本的には商社と同じであるが、マッチング以前の相見積りや部品作製までの設計者にかかわる業務をサポートしてくれるサービスを付加されており、部品コストは10％程度上乗せになる。部品コストが10％増の量産部品は、一般的に設計メーカーは受け入れ難いが、治具や設備、試作の部品など単発の発注の場合であれば活用できる。

②　商社やマッチング企業が間に入るデメリット

　量産部品を作製し生産するには、量産部品メーカーの営業や技術担当者と密接にかかわり合う必要がある。生産開始前には、金型や部品を作製するための打合せや製造現場の確認があり、また生産開始後には、部品変更や不良品が発

生したときの原因究明がある。

　このようなときに、商社やマッチング企業が間に入ると、逆にデメリットがあることも理解しておく必要がある。情報の正確さがなくなり伝達スピードは遅くなる。生産開始後に不良品が発生したときにはそれが顕著に現れる。

　よって、たとえ商社やマッチング企業経由での生産であっても、自分の部品がどこで、どのように作られているかを知っておくことは重要である。

⑷　OEM/ODM 企業に任せる

OEM(Original Equipment Manufacturing：製造委託)や ODM(Original Design Manufacturing：設計製造委託)の場合は、部品に関して下記をすべて一任することになる。

《OEM/ODM 企業に委託したときに一任する項目》
1)　量産部品メーカーの選定
2)　量産部品、金型の作製
3)　量産部品の購入
4)　量産品質の管理

　購買業務的な人手とスキル、また生産で製品を組み立てる人手とスキルが社内にない場合、OEM 企業に製造委託する。つまり、社内では製品企画から製品設計までしか行わない場合である。また、社内で製品設計も行わず、製品企画と設計構想の一部までしか行わない場合には、ODM 企業に設計製造委託をすることになる。

　OEM/ODM 企業で規模の大きいものは台湾など海外に多く、製品の部品は中国で生産している場合が多い。日本の設計メーカーは、OEM/ODM 企業の窓口担当者にすべてを一任して仕事を進めることが多く、知らぬ間に中国の部品メーカーで不良品が発生していることがある。OEM/ODM でも、自分の担当する部品がどこで、どのように作られているかを知ることは大切である。海外の ODM で発生した不良品とその原因と対策については、8.4 節「不良の発生原因を知り未然防止」を参照してほしい。

第7章

正しい部品コストの
見積りを取得する

本章での見積りとは、量産部品の見積りのことである。試作部品などの1回きりの発注の見積りではない。

設計メーカーにとって、量産部品のコストはとても重要である。それは1円でも安くなれば、それがそのまま会社の利益になるからである。よって、その算出方法と確認方法を知ることは設計者として必須の知識といえる。

正しい部品コストの見積りを得るには、見積明細書を入手することが前提となる。量産部品は一定期間にわたって生産するため、その期間中にはコストダウンで材料が変更になったり、材料費が変動したりすることがある。そのようなときに、それらの変更を部品コストに適切に反映させるため、見積明細書が必要なのである。これは、見積りを依頼する設計メーカーと依頼される部品メーカーの双方にいえることである。

7.1 部品コストの構成

7.1.1 材料費、加工費

部品コストは次の2つの要素を元に計算される。

《部品コストの基本要素》
1) 材料費
2) 加工費

材料費は、部品になる材料費と捨てる部分の材料費を足したものであり、kg単位で価格が決まっている。捨てる部分とは、板金部品をくり抜いたあとの材料や、樹脂の流れる通路であるランナーの材料のことである。

加工費は、作業者が加工する場合は、その作業者の作業時間に賃率を掛けた金額になり、工作機械が加工する場合は、その加工時間にマシンチャージを掛

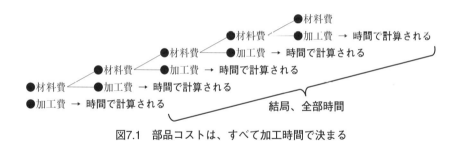

図7.1　部品コストは、すべて加工時間で決まる

けた金額になる。賃率は、作業者が加工する 1 時間あたりに労務費で、マシン
チャージは工作機械が加工する 1 時間あたりのコストである。部品コストは、
これら 2 つの合計でほぼ決まる。つまり、加工費は加工時間で決まることにな
る（図 7.1）。

　材料は、その材料を販売する企業にとっては製品であるため、その材料費も
材料費と加工費に分けられる。さらにその材料費も、材料費と加工費に分けら
れる。これを繰り返していくと、部品コストはすべて加工費、つまり加工時間
で決まることになる。つまり、速く作れる部品ほど安価になるのである。

7.1.2　不良費、管理費、梱包費、輸送費、外注加工費

　材料費と加工費に、不良費と管理費、利益を加算し、最後に梱包費と輸送費
と、外注加工があれば外注加工費を加算すると、部品コストになる。

　不良費は、一定の割合でできる不良品のコストで、不良率から計算する。**管
理費**は、部品メーカーの労務費や電気代、設備費など部品メーカー全体にかか
わる費用であり、管理比率から計算する。**利益**は、利益率から計算する。

《部品コストの構成要素》

1)　材料費

2)　加工費

3)　不良費＝不良率×（材料費＋加工費）

4)　管理費＝管理比率×（加工費）

5)　利益＝利益率×（材料費＋加工費＋不良費＋管理費＋包装費＋輸送費）

6)　梱包費

7)　輸送費

---

8)　外注加工費
※計算式はメーカーによって異なる

　このようにして部品コストは計算されるが、部品メーカーによっては別の項目が加わっていたり、一部の計算方法が異なったりしている。これらの値がすべて記載されているものが見積明細書（図7.2）となる。

7.1.3　小ロットの部品が高い理由

　生産数の少ない小ロットでは、部品コストは高くなる。その理由は、段取り費用と破棄する部品のコストが、大ロットと比較して1個あたりの部品に多くかかるからである。

　部品を生産するには、金型の取り付けや成形機の設定値の調整などの準備が必要である。その作業にかかった費用を**段取り費用**という。段取り費用は10個の生産であっても1,000個の生産であっても同じであるため、小ロット生産では、部品1個当たりの段取り費用が多くかかることになる。この段取り費用は、見積明細書の1つの項目となっていたり、管理比率を変えることにより管理費に含まれたりしている。

　射出成形機で樹脂部品を作製する場合、生産を開始する前には必ず試し打ちが行われ、このときに**破棄する部品と材料**が発生する。その前に生産した部品の材料が完全に取り除かれていることを確認したり、寸法が安定するのを確認したりするためである。そのコストは、不良率を変えることにより調整される。

7.2　見積依頼の鉄則

　見積依頼の鉄則は、下記の4つである。

《見積依頼の鉄則》
1)　部品の最終仕様で見積もる。
2)　部品は単品で見積もる。
3)　見積明細書を入手する。
4)　日本に輸入するときは、関税・輸送費を忘れない。

7.2.1　部品の最終仕様で見積もる

　見積を依頼するときは、部品の最終仕様で見積もるのが基本である。試作設計の段階では、まだ 2D 図面に最終仕様を盛り込んでいない場合がある。

　例えば、印刷などである。しかし印刷があるにもかかわらず、印刷仕様を 2D 図面に図示しないで見積りをとると、もちろん印刷のコストは含まれない。つまり、正確な見積部品コストが得られないことになる。印刷内容や印刷色によって、印刷コストは大きく変わらない。よって、想定する印刷内容と印刷色を仮に 2D 図面に図示しておけばよいのである。

　試作部品の発注では、試作費の削減のため印刷や塗装など検証に不要なものは削除する場合が多い。しかし、見積依頼をする 2D 図面は、極力最終仕様に近い状態にしておく必要がある。

7.2.2　部品は単品で見積もる

　複数の部品を同じ部品メーカーに発注する場合であっても、それらの部品をまとめて 1 つのコストにするような見積依頼の仕方をしてはならない。つまり、部品 1 個に対して 1 つの見積依頼をするのである。

　生産が始まると、コストダウンのために設計変更をして部品点数を削減することがある。あるいは、1 部品だけコストダウンのため設計変更をすることもある。このようなときに、複数の部品が 1 つの見積部品コストになっていると、いくらコストダウンできるのかわからなくなる。

　コストダウンされる金額が、見積依頼をする側の想定と部品メーカーの回答に大きな差があれば、お互いの信頼関係を損ねかねない。1 つの部品で 1 つの見積部品コストを取得するのが鉄則である。

7.2.3　見積明細書を入手する

　量産部品の見積明細書は必ず入手する（図 7.2）。量産部品の購入は 1 回切りではなく、長期にわたって定期的に購入するため、その期間内に部品コストが変動する可能性があるからである。変動する要因は、設計変更や材料費の価格変更などである。

　設計変更があった場合、見積依頼をする設計メーカーにとって、見積明細書は重要な役割を果たす。例えば、ある部品の塗装を削除したとする。このとき部品コストの構成要素の中でコストダウンになるものは、塗料代と塗装費であ

見積明細書　ロジ株式会社						
作成者	小田淳				作成日	2023年6月20日
部品形状外観		会社名		令和株式会社		
		担当者名		藤沢ひろし		
		部品名称		ヒートシンク A		
		部品番号	試作	0-123-456-78		
			正式	2-134-567-89		
		機種名	試作	ROJI-002		
			正式	PPK-352		

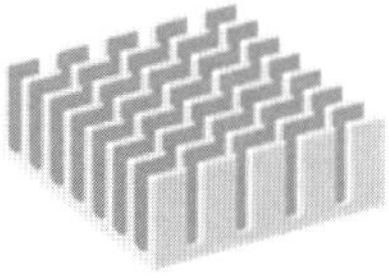

見積条件	生産数	300 個／月(回)	最低発注数量	100 個	
	生産期間	24 カ月	金型の有無	○有り	無し
	総生産数	7200 個	金型取数	2 個	
	生産開始時期	2023/7/20	外注の有無	有り	○無し

材料費

	材料		材料費	部品質量	部品必要質量	材料費
メーカー名	一般名称	型名	円／kg	g	g	円
ロジカル化成	ABS	SA-123	320	70	120	38.4
						0
						0
						0
						0

加工費

工程番号	工程名	詳細	加工時間	加工費率	加工費
			秒	円／時間	円
1	成形	射出成形	20	1200	6.7
2	ゲートカット		7	4500	8.8
3					0.0
4					0.0
5					0.0
6					0.0
7					0.0
8					0.0
9					0.0
10					0.0
合計					15.4

自由活用欄	材料費(合計)		38.4
	加工費(合計)		15.4
	不良費	5 %	2.7
	管理費	15 %	2.3
	包装材料費		20
	輸送費		215
	外注加工費		30
	利益	7 %	22.7
	特別費		0
	合計(税無)		346
	合計(税込)	10 %	381

※見積明細書の自動計算 Excel リストを、図中の QR コード、および下記の URL よりダウンロードできます。　https://roji.global/seihinka-tokuten/

図7.2　見積明細書

る。塗料代は材料費に含まれ、塗装費は加工費に含まれる。塗装を外注していれば、外注加工費に含まれる。見積明細書があればそれらの金額が明確にわかるため、塗装削除によるコストダウン額は、見積依頼をする側と部品メーカーの双方で納得できる値になる。

ウクライナ情勢による材料費の高騰下では、部品メーカーにとって見積明細書は重要な役割を果たしている。材料費が上がっているにもかかわらず、設計メーカーに対して部品コストを上げると言い出せない部品メーカーが多くあるが見積明細書がなければどうしようもない。材料費が提示されていなければ、設計メーカーは部品コストの上昇分がわからないからだ。部品のコストアップには、必ずその根拠を示す必要がある。このために、見積明細書はとても重要なのである。

7.2.4　日本に輸入するときは、関税と輸送費を忘れない

海外の部品メーカーの見積りは、部品の輸出までを対応してくれる部品メーカーでない限り、自社の工場を出荷するまでの見積部品コストになっている。日本に部品を輸入するには、それに関税と輸送費が加わる。それらを加算することを忘れてはならない。

7.3　見積依頼の提示項目

7.3.1　見積条件の提示

見積依頼をするときに、最低限提示すべき情報は次のとおりである。

《見積依頼で提示する項目》
1)　生産ロット
2)　生産年数／総生産数
3)　生産開始時期／希望価格
4)　金型の取り数

---

〔1〕　生産ロット

生産ロットとは、1回に生産する部品の個数のことである。一般的にはひと月に生産する個数である。ふた月に1回生産する場合や、1回の生産が数日に

わたる場合もある。

　1回の生産数が少ない小ロットであるほど、部品1個あたりの段取り費用が多くかかることになるので、生産ロットの提示はもっとも重要である。

(2)　生産年数／総生産数

　生産ロットに生産年数をかければ、総生産数になる。部品メーカーにとっては、これから何年間この部品にかかわっていくかの目安が必要である。部品や材料の倉庫スペースの確保、金型の寿命、成形機の劣化や減価償却によるマシンチャージの変動、作業者の手配などである。部品メーカーのあらゆることにかかわってくる数値なので、とても重要である。

(3)　生産開始時期／希望価格

　生産開始時期と希望価格の提示は、中国をはじめとする海外で見積依頼をするときには重要である。その理由は、日本企業からの見積依頼には、とりあえず値頃感を知っておきたいというものが多いからである。見積業務は時間的な負担が大きいため、受注につながる可能性のない見積依頼は受けたくない。よって、いつから生産が開始され、コストがいくらなら発注してくれるかを明確に指示しなければ、本気のコストを出してくれないことがある。さもなければ、高額なコストが提示され、お断りの意思表示をされる場合もある。

　本気の見積部品コストがほしい場合は、見積依頼をする側も本気で発注する意志を示す必要がある。

(4)　金型の取り数

　「金型の取り数」とは、1個の金型で同時に作製できる部品の個数である（図7.3）。樹脂であれば2個取り、4個取りの金型があり、ゴム材料で小さなツマミに被せるような部品であれば、100個取りの金型もある。

　金型の取り数は、部品の生産数によって決める。多数個取りにすればするほど、部品コストは下がるが、金型が大きくなるため金型費は上がる。基本は1個取りだが、1つの製品に複数ある部品であれば、多数個取りにしてもよい。見積依頼をするときには、あらかじめこれを決めておく必要がある。

（出典）「主要取扱い金型」、池上金型工業㈱HP

図7.3　12個取りのプリン容器の金型 [1]

7.3.2　事前の取り決め事項

　以下の項目については、見積依頼をする前にお互いに合意しておく必要がある。

《見積依頼をする前に合意しておくべき項目》

1)　材料費

2)　MOQ（Minimum Order Quantity・最低発注数量）

3)　マシンチャージ

---

(1)　材料費

　一般的には、部品メーカーと取引のある材料メーカーの材料を使用することが多く、部品メーカーと材料メーカーとの取引価格が材料費になる。

　特殊な材料や大量に使用する材料の場合は、見積依頼をする設計メーカーが、あらかじめ材料メーカーと打ち合わせし材料費を取り決めて、その価格で部品メーカーに購入してもらうこともできる。

(2)　MOQ（Minimum Order Quantity：最低発注数量）

　製品の生産ロットにおける部品の数と、部品輸送のカートンへの部品の入り数で決められる。部品10個入りのカートンであれば、MOQは10の倍数のほうが輸送コストは安くなる。小ロットであれば、MOQと生産ロットは同じ数値になる場合が多い。

⑶　マシンチャージ

　射出成形機やプレス成形機、切削加工機などの工作機械が加工する1時間当たりのコストである。工作機械ごとにマシンチャージが決まっていて、発注する設計メーカーによってもその値は異なることもある。是非、そのリストを入手しておくとよい。精度が高く新しい工作機械ほど、マシンチャージは高くなる。

7.3.3　部品コストの提示条件

　日本の部品メーカーに見積依頼をするときはあまり気にする内容ではないが、海外の部品メーカーに見積依頼をするときには、必ず指示してほしい。

《見積部品コストの提示条件》

1) 　何の見積依頼か
2) 　税金を含む／含まない
3) 　通貨単位

⑴　何の見積依頼か

　単品のコストか、組立部品のコストか、金型費か、何の見積コストがほしいのかを明確に指示する。

　メール添付で2D図面を送り、文章で見積依頼の説明をしてはいるが、何の見積コストをほしいのかわかりにくい見積依頼がある。日本であれば問い合わせの電話が来るが、海外からは電話はかかってこない。ほしい見積コストを明確に指示しなかったばかりに、あとから「金型費もお願いします」や「単品ではなく組立部品のコストもお願いします」などのやりとりが多く発生する場合がある。

　特に海外へ見積依頼をするときには、阿吽の呼吸は通じないので、明確な指示が必要である。

⑵　税金を含む／含まない

　税金を「含む」「含まない」を指示する。

　設計メーカーの社内でどのように部品コストや金型費を集計しているかによる。見積書に「含む」「含まない」が記載されていないこともあり、指示をしな

いとあとから質問することになる。

(3)　通貨単位

通貨単位は部品を生産する国の通貨単位でもらうのがよい。

中国の部品メーカーの見積りであればRMBである。海外の部品メーカーが気をきかせて、ドルや円に換算して見積部品コストを提示してくる場合があるが、相見積りでは、各社の為替レートが異なっている場合もある。同じ部品メーカーに複数回見積依頼した場合にその都度為替レートが違っていれば、部品コストがどのように変動したのかわからない。為替レートをいちいち質問するより、生産国の通貨単位で見積部品コストをもらうほうが便利である。

7.3.4　確実に見積依頼をする方法

多くの部品の見積依頼をした場合、提示されてきたコストの確認のために何回もメールのやりとりをしなければならないことがある。このようなことを避けるため、見積条件や見積部品コストの提示条件をあらかじめ記載した表（図7.4）をExcelで作成して、見積依頼することをおすすめする。ここまで解説してきた項目をすべて表中に記載し、ほしいコストの部分を色付きのセルにし、「この色の付いたセルにコストを書いてください」とコメントをする。見積明細書は、1つのセルのコストに対して1つ必要となる。海外の部品メーカーへの見積依頼は、日本語通訳を経由して営業などの別部署に伝えられる場合がある。このような人づてになる場合ほど、この表は有用である。

7.4　見積明細書の確認方法

ここまで説明してきた内容と一部重複するが、下記の項目を確認する。

《見積明細書の確認項目》

1) 材料費→約束のとおりの金額になっているか
2) 加工費→使用する工作機械のマシンチャージになっているか
　　　　　→加工時間は実際の作業と合っているか
3) 管理比率→同じ部品メーカーの別部品や他社と比較して大差はないか
4) 不良率→類似部品や他社と比較して大差はないか

部品名称	部品番号	見積条件			材料			希望価格		見積コスト		
		生産ロット	金型取数	MOQ	メーカー	材料	型名	部品単価	金型費	部品単価	金型費	
		個／月	個	個				RMB（税込）	RMB（税込）	RMB（税込）	RMB（税込）	
COVER	A-123-456-01	100	1	100	A 社	ABS	A-123	24.0	450,000			
BRACKET	A-123-457-01	100	1	100	B 社	PS	CCF5	14.4	203,000			
CAP	A-123-458-01	200	2	100	C 社	PC	TRO-K2	2.3	80,000			

※ここに記入

※見積明細書はセル 1 カ所に 1 枚

生産年数：3 年
生産開始時期：2023年 5月 5日

図7.4　Excel に見積条件や見積部品コストの提示条件を記載して見積依頼をする

> 5)　利益率→他社と比較して大差はないか
>
> 6)　部品コストと金型費のバランスはよいか
>
> 7)　特別費とは何か

2)の加工時間は、生産が始まってから部品メーカーを訪問して、調べてみるとよい。あまりにかけ離れていれば、部品コストの見直しが必要である。

6)の部品コストと金型費のバランスの確認とは、部品メーカーが受注したいばかりに部品コストを極端に安くして、一方金型費を高くしていないかを確認することである。

見積依頼をする設計メーカーは、部品コストを重視し、金型費は予算内に入っていれば問題ないとしてしまいがちである。そもそも金型費の精査は難しいため、相見積りで他社の見積りと比較したり、購買部の担当者からアドバイスをもらったりして確認するとよい。不必要に多数個取りになっていないかは、必ず確認しておこう。

7)の特別費とは、別欄に理解できないコストが加算されていないかを確認する。小ロットの場合に、段取り費用として記載されている場合もある。意味がわからないコストが記載されていたら、必ず問い合わせしよう。

7.5　目標部品コストで設計する方法

目標部品コストは、次の順で決まってくる。

製品企画：販売価格の中の合計部品コスト

↓

設計構想：カテゴリー(機構／電気など)ごとの合計部品コスト

↓

部品表：単品の部品コスト

7.5.1　部品コストは設計内容で決める

目標部品コストを決めないで設計を進め、部品コストが設計の成り行きで決まってしまってはならない。つまり、設計がすべて完了した時点で「合計したら○○円になってしまった」であってはならないのである。

ここに 2 つのボールペンがあったとする。一方は 100 円の廉価版のボールペ

ンであり、もう一方は 3000 円の高級ボールペンである。両方とも油性インク
で文字が書けるだけのボールペンであり、機能上の差はない。では、この価格
差はなぜ生じるのであろうか。その理由は、製品企画の創りたい市場が異なる
からである。100 円のボールペンは、使い捨てであり、3,000 円のボールペン
は贈答用のボールペンである。ターゲットユーザーと販売数が異なり、材料も
異なる。100 円のボールペンは材料費が約 30 円になるように設計され、3,000
円のボールペンは材料費が約 1,000 円になるように設計されたものである。(販
売価格の 30%が合計部品コストとする)

　「部品コストが高すぎて売っても損してしまう。でも、これ以上コストダウ
ンできない」と悩むベンチャー企業が多くある。この原因は 2 つあり、1 つは
製品企画で創りたい市場を決めていなかったことである。もう 1 つは、部品コ
ストを管理していなかったからである。この部品コストの管理に関して、以降
で説明する。

7.5.2　部品表とポンチ絵で目標部品コストを決める

　設計構想のあとに、ポンチ絵を描き設計を開始する(図 3.1、p.38)。ポンチ
絵で描いた部品の部品名称と員数を、部品表(図 3.3、p.45)に記入していく。
　ビスなど安価で員数が明確になっていない部品は、類似の製品などを参考に
して「50 個」などとやや多めに記入しておけばよい。部品表の作成において
は、製品本体以外の付属品や梱包材を忘れてはならない。小ロットの製品は、
印刷のあるカートンや製品に貼り付いているラベル、取扱説明書のコストが高
価になるので、要注意である。予備費も忘れずに記入しておく。
　次に各部品のコストを記入していくが、ポンチ絵による部品コストの見積り
には経験が必要である。経験がなければ、購買部の人や職場の先輩に相談、も
しくは過去の類似部品の価格を参考にする。まったく新しい部品であれば、ポ
ンチ絵をなるべく詳細に描き、馴染みの部品メーカーに相談してもよい。
　予備費には、設計構想の合計の目標部品コストの約 10%の値を記入する。
　最後に、記入した個々の部品コストに員数を掛け合わせて合計の目標部品コ
ストを計算する。その値が設計構想での合計の目標部品コスト以下であれば問
題はないが、超えていればその調整を行う。その方法は、3.3 節「コストダウ
ンを考えた設計」を参照してほしい。どうしても、合計の目標部品コストを越
えるようであれば、製品企画の見直しが必要ということである。

7.5.3　設計プロセスでその都度管理

このようにポンチ絵によって 1 回目の部品コストの見積りを行う(図 7.5)。

合計の見積部品コストが、設計構想のコスト以下になっていれば、設計を進めることができる。このあとの試作設計で最初の 3D/2D データと 2D 図面ができれば、相見積りを取り量産部品メーカーを選定する。これが 2 回目の部品コストの見積りとなる(図 7.5)。量産部品メーカーの選定は、見積部品コストの結果だけで決めるものではないので、6.3 節「量産部品メーカーの選定方法」も参照してほしい。

部品メーカーは、例えば樹脂部品であれば、複数の部品をまとめて 3 社程度に絞りたい。その理由は、部品メーカーとの打ち合わせや訪問の回数を減らすことができるからだ。購買業務の工数の削減にもなる。複数の部品を同じ部品メーカーに発注することによって、コストダウンの交渉もできる。

そのあと、選定した量産部品メーカーからコストダウン提案や製造性のアドバイスをもらいながら設計を進め、3 回目の部品コストの見積りを行い、合計の目標部品コストを超えていないことを確認する(図 7.5)。超えていれば、設計内容を調整する。

1 回目と 2 回目の見積りの間や 3 回目の見積以降に、部品仕様に大きな変更があればその都度見積りを取り、目標部品コストを上回らないことを確認する。逆に部品にほとんど変更がなければ、見積りを取る必要はない。最後の見積部品コストが、最終の部品コストになる。

7.5.4　部品コストを見積もる重要性

設計プロセスが進むにつれ、コストダウンのための設計変更はしにくくなる。その理由は、すでに問題ないと判断されている設計検証の結果に影響を与えたくないからである。

例えば、外装部品の材料変更をすれば、製品の強度を確認する試験結果に影響を与えることになる。そのため設計プロセスの早い段階から見積りを取り、合計の目標部品コストを上回ってしまった場合は放置せず、必ずコストダウンの対策をとる必要がある。

自分の設計する部品がどのくらいの部品コストになるかを見積れることは、設計者にとってとても重要なスキルである。このスキルを高めるには、部品メーカーの見積部品コストを見積明細書で確認をする習慣を付けることであ

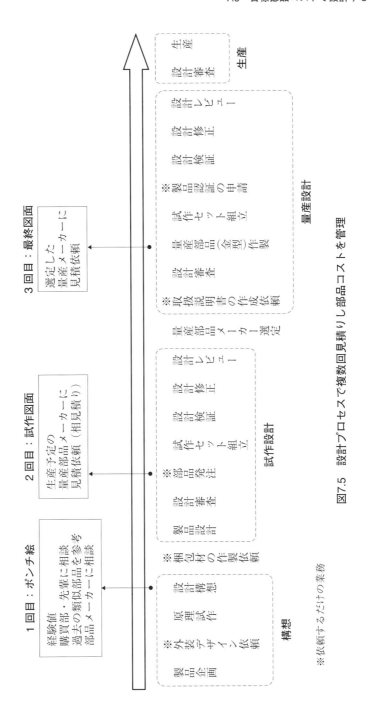

1回目：ポンチ絵

経験値
購買部・先輩に相談
過去の類似部品を参考
部品メーカーに相談

2回目：試作図面

生産予定の
量産部品メーカーに
見積依頼（相見積り）

3回目：最終図面

選定した
量産メーカーに
見積依頼

構想

※外装デザイン依頼
製品企画
原理試作
設計構想
※梱包材の作製依頼

試作設計

製品設計
設計審査
※部品発注
試作セット組立
設計検証
設計修正
設計レビュー

量産部品メーカー選定

量産設計

※取扱説明書の作成依頼
設計審査
量産部品（金型）作製
試作セット組立
※製品認証の申請
設計検証
設計修正
設計レビュー

生産

設計審査
生産

※依頼するだけの業務

図7.5 設計プロセスで複数回見積り し部品コストを管理

る。見積明細書には、部品コストの内訳が記入されているため、自分の設計内容のどこにどのくらいのコストがかかっているか理解できる。成り行き任せにせず目標部品コストで設計するためにはとても大切である。

第8章

量産品質を維持して生産する

8.1 設計者と品質管理担当の「品質がよい」の違い

部品メーカーの選定のため、設計者や購買部の担当者が部品メーカーを訪問し、部品サンプルを手に取って「この部品メーカーは品質がよい」と言う。また製品の生産中に、部品を受け入れた組立メーカーの品質管理の担当者が、部品を確認しながら「この部品メーカーは品質がよいね」と言う。

これらの意味は若干異なり前者の「品質がよい」は、「(私が)要求するばらつきを満足する部品を作る技術がある」という意味になる。

一方、後者の「品質がよい」は、「(設計者が)定めたばらつきを継続的に生産できる技術がある」という意味になる。これらはどちらも製造性に関する品質のことであり、部品がある一定のばらつき範囲を満足しているので「よい」と言っているが、その対応は異なる。

ここに設計者の要求する部品仕様が、長さ 50 ± 1 mm のシャフトがあるとする(図8.1)。これで、設計者と組立メーカーの品質管理の担当者の対応の違いを見てみる。

8.2 量産品質を維持する基本原則

8.2.1 量産品質は設計者と品質管理担当者で分担して保証する

量産品質とは、設計者が定めたばらつきを一定期間にわたり継続的に維持して生産することである。そのためには、まずその準備が整っているかが重要であり、それを生産開始前に確認するのは設計者の役目である。そして部品の生産が開始されたあと、その準備されたものが維持・適切に活用されているかを管理するのが、部品を受け入れる組立メーカーの品質管理の担当者である。

準備が整っているかの確認は基本的には設計者が行うが、設計メーカーの品質管理の部署もサポートする。確認する項目は次の5項目である。

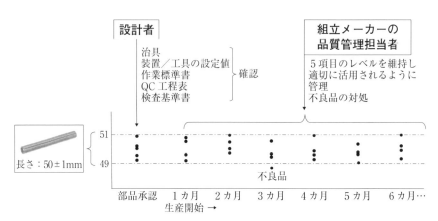

図8.1　量産品質の、設計者と品質管理担当者の役割分担

《製造現場で確認すべき5項目》
1) 治具
2) 工具／装置の設定値
3) 作業標準書
4) QC工程表
5) 検査基準書

　これらはすべて部品メーカー主導で作製されるが、治具は設計者が作製依頼するものもあり、設定値も設計者が指定するものがある。検査基準書は、部品メーカーが定める汎用的な品質基準もあるが、設計メーカーの要求する内容も盛り込む必要がある。必要があれば、部品個々に定める品質基準を別途作成することもある。

　設計者は、これら5項目が部品仕様を満足する部品を生産できる状態になっているかどうかを確認し、不備があれば指摘する。生産開始前の部品承認は、これらの5項目も確認済みであることが前提である。生産開始以降、設計者は不良品などの問題が発生しない限り製造現場に行くことはほとんどない。よって、製造現場に残す「このように作ってください」や「このように検査してください」という設計者の意思は、これらの5項目で伝えるしかない。

　生産が始まると、量産品質の保証を担当するのは組立メーカーの品質管理の

担当者に移る。品質管理の担当者は受け入れた部品を検査し、また部品メーカーを定期的に監査する。不良品などの問題が発生すれば、その対処もすぐ行う。設計メーカーの品質管理の部署は、組立メーカーに製品の組立を委託している立場として、組立メーカーから受入検査や監査の記録を受け取ることになる。もちろん、組立メーカーの品質管理の担当者に任せっきりではなく、部品メーカーの定期的な監査を行ってもよい。

　ここで大切なことは、**生産開始前に設計メーカーの設計者は**《製造現場で確認すべき5項目》を確認し、**生産開始後は組立メーカーの品質管理の担当者が**、これら5項目のレベルを維持し、適切に活用されるように管理することである（図8.2）。図8.2において、2次メーカーの確認は大変な作業でなるが、海外で生産する場合はここが不良品の発生原因になっている場合があるので、是非確認をしたい。

8.2.2　海外で生産するときの注意点

　中国をはじめとする海外で部品を生産すると、不良品は発生しやすい。不良品が発生すると、大抵は現地の部品メーカーに問題があると考えがちであるが、その原因の多くは、実は日本人の仕事の仕方にある。

　日本の部品メーカーの担当者は阿吽の呼吸で設計者の意思を汲み取り、前出の《製造現場で確認すべき5項目》を問題なく部品を生産できるように作製してくれる。よって、設計者が確認をしなくても不良品が発生することはほとんどないのである。

　このような日本の部品メーカーに任せっきりだった設計者が、阿吽の呼吸のない海外で部品を生産すると、日本と同じようにはいかないのである（図8.3）。特に治具は、設計者の意図が反映されていないと、治具が不良品の発生原因になることがある。

　生産開始後には、部品を受け入れる海外の組立メーカーの品質管理の担当者が部品メーカーを管理しなければならない。しかし《製造現場で確認すべき5項目》が日本と比較していい加減に運用されているうえ、品質管理の担当者の管理スキルも日本と比較して低いことが多い。日本の組立メーカーに部品が納品される場合は、そこの品質管理の担当者が海外の部品メーカーを管理しなければならないが、中国といえども海外であるため、頻度よく訪問できない実情がある。特にコロナウイルスの流行下ではなおさらである。

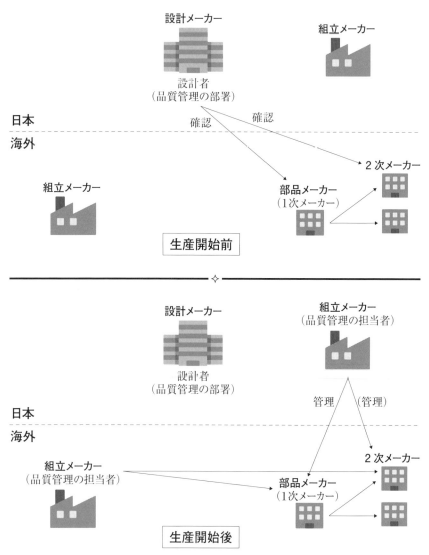

図8.2　生産開始前と生産開始後の製造現場の確認

　組立メーカーに部品を納品する部品メーカーを1次メーカーという。そこだ
けですべての加工ができない場合、1次メーカーは外部の2次メーカーに加工
を依頼する。海外の1次メーカーと2次メーカーの連携は希薄であるため、2
次メーカーで不良品が発生することが多くある。よって、海外では2次メー

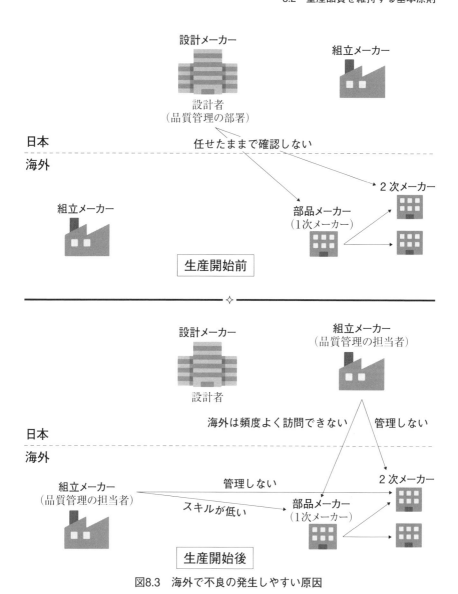

図8.3　海外で不良の発生しやすい原因

カーの確認と管理も大切となるのである。

　これらのように、生産開始前の設計者と生産開始後の組立メーカーの品質管理の担当者の仕事の仕方が、中国をはじめとする海外メーカーで不良品が発生しやすい根本原因となっている。

131

8.2.3 「どこで、どのように」作られているかを知る

　製造現場を確認する前提として、設計者と品質管理の担当者が自分の担当する部品が「どこで、どのように」作られているか知らなければならない。これを知らなくては、もし不良品が発生したとしても、どこに行って何を確認すればよいかわからない。

　部品メーカーに部品の生産を依頼するときには、その部品のすべての加工が社内できるのか、社内でできない2次加工があれば、何の加工をどこのメーカーに外注するのかを確認する必要がある(図8.4)。最低限、外注加工メーカーの有無、次にその外注加工メーカー名の確認が必要である。できれば訪問するのがよい。この確認は日本でも同じであるが、海外の場合は、1次メーカーと2次メーカーの関係が希薄であるため、より大切となる。

《「どこで、どのように」作られているかを把握する3つの確認》

1)　外注加工メーカーの有無の確認
2)　外注加工メーカー名の確認
3)　できれば、外注加工メーカーの訪問

　商社経由で海外に部品の生産を依頼する場合は、図8.5のような流れになる。日本の設計者は、日本にある商社の窓口担当者だけにすべての情報を伝えて業務を進めがちであるが、海外にある網掛け部分(日系商社、1次メーカー、2次メーカー)をまったく知らず、任せっきりにしてはいけない。

　また、実際に部品を生産するのは海外の1次メーカーであるが、そこが外注加工をしていると、日本の設計者と海外の2次メーカーとの間には3社が入る

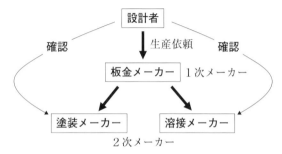

図8.4　1次メーカーだけでなく2次メーカーも確認する

図8.5 日本にある商社経由で、海外の部
品メーカーに生産を依頼する場合

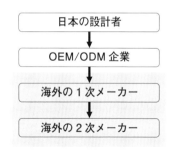

図8.6 OEM/ODM により、海外の
部品メーカーで部品を生産

ことになる。日本の設計者が日本にある商社の窓口担当者に伝えた情報は、間
に3社が入って2次メーカーに伝わる。これでは、設計者の意図は正確に伝わ
りにくく、不良品が発生したときに迅速に対処することも難しい。

これは OEM/ODM 生産でも同じことがいえる（図 8.6）。設計者は OEM/
ODM 企業の窓口担当者にすべての情報を伝えて業務を進める。しかし、実際
に部品を生産するのは、その先にある部品メーカーである。OEM/ODM 企業
は台湾に多くあり、その台湾のメーカーは、中国の部品メーカーを多く使う。
そうなると、設計者の情報は2つの国をまたぐことになるのである。

このようなことから、必ず次の4つを行ってほしい。

《OEM/ODM 企業に委託したときに確認する項目》

1) 1次メーカーは必ず訪問
2) 2次メーカーの有無の確認
3) 2次メーカーのメーカー名の確認
4) できれば、2次メーカーを訪問

海外で生産する場合、言語の違いも情報伝達に大きな影響を及ぼしている。
わかりやすい資料の作成も重要であることを知ってほしい。

8.2.4 治具の確認方法

治具は部品を固定して、部品を加工する**作業方法を標準化**するものである。

作業順も作業方法の一部であり、**作業順も治具で標準化**するとよりよい。

　その治具の確認方法を次に示す。確認は、必ず最新の部品を治具に取り付けた状態で行う。

《治具の６つの確認方法》

1)　治具がガタつかない
2)　治具が変形しない
3)　部品がガタつかない
4)　部品が変形しない
5)　作業中（加工中）に部品の変形／振動／動きがない
6)　部品が毎回同じ位置に固定される

　「**治具がガタつかない**」は、治具の構成部品が確実に固定されていることである。治具の各部分を指で触れば簡単にわかる。

　「**治具が変形しない**」は、部品を治具に固定するときに必要以上の力を加える必要があればわかる。

　「**部品がガタつかない**」は、部品を固定したあとに指で部品を触れば簡単にわかる。

　「**部品が変形しない**」は、2)と同じ要領でわかる。

　「**作業中（加工中）に部品の変形、振動／動きがない**」は、加工中に工作機械の中の治具に近づくことは危険であるため、加工中の異音、加工前後の部品位置などで判断したい。手作業であれば、実際に自ら作業してみると判断しやすい。

　「**部品が毎回同じ位置に固定される**」は、その位置ずれが 0.5 mm 程度のわずかなものであれば、見た目で判断はできない。よって、治具への部品の固定順を決めることによって、毎回同じ位置に固定されると判断する。そして、この固定順は作業標準書にも記載する。

(1)　設計者しか確認できない治具①

　治具の確認は、設計者しかできない内容が多い。その例を２つあげる。ダイキャスト部品の切削加工は、加工面の寸法精度をだすために行う。その寸法は、ある基準面からの寸法となるため、その基準面を治具で固定しないと意味がない（図8.7）。しかし、部品メーカーの治具設計者が 2D 図面や部品を見て、そ

こまで理解することは難しい。

⑵　設計者しか確認できない治具②

　部品を治具に固定するときに、部品の同一高さの面の数箇所をクランパーで押さえ付けることがある。しかし、その数箇所の面の1つに0.5 mm 程度の段差があっても、2D 図面や現物ではわからない（図 8.8）。

　もしこれを知らないで治具を設計してしまうと、段差のある面を無理矢理に押すことになり、部品が変形したまま加工されてしまう。

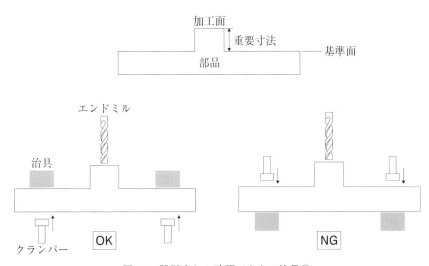

図8.7　設計者しか確認できない治具①

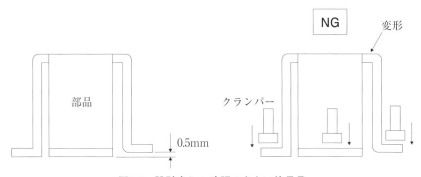

図8.8　設計者しか確認できない治具②

　これら2つの例から、部品メーカー主導で作製される治具は、設計者が必ず確認を行う必要がある。

⑶　手作業は治具で標準化する

　部品の加工において、手作業のあるところは極力治具を作製し、作業方法と作業順を標準化すべきである。

　治具は、安価に作製できるものも多い。手作業にばらつきの発生しそうな箇所を見つけて治具の作製を依頼するのも、設計者の確認作業の1つである。

8.2.5　工具／装置の設定値の確認

　工具／装置の設定値とは、電動ドライバーのトルク、溶接の加圧力・電流値などのことである。

　これらは、設計者が指定する場合もあれば、部品メーカー主導で決める場合もある。どちらであっても、これらの数値を決めたら、作業標準書にその設定値を記載しておく必要がある。作業者のメモや記憶だよりであってはならない。

8.2.6　作業標準書の確認方法

　製品と部品の生産は、いくつかの工程に分かれて作業者が組立てや加工をする。その1つの工程における、作業者の作業方法を記載したものが作業標準書である。

　製品の組立てにおける作業標準書の内容は、設計者と組立メーカーの製造技術の担当者が一緒に決めていくことが多いので、その合意内容がしっかりと盛り込まれていることを確認すればよい。

　作業標準書では、主に次の内容を確認する。

《作業標準書の主な確認項目》
1)　手作業方法
2)　作業順
3)　設定値

　手作業には自由度がある。この自由度とは、手の動きのばらつきと作業順の

ことであり、これらが不良品の原因となりやすい。手の動きのばらつきとは、例えば棒ヤスリで板金の端面のバリ取りを行う場合、力の入れ具合などのことである。

作業順の違いとは、ビス留め箇所が 3 カ所あった場合に、そのビス留めをする順番である。現実に、ビス留め順の違いで不良品が発生することはある。「**誰が作業しても同じ作業**」にすることが大切である。

8.2.7　QC 工程表の確認

QC 工程表は、製品や部品の生産における複数の工程を作製順で一連の表にしたものである。

まれではあるが、実際の工程と QC 工程表が異なっていることがある。それは、生産開始のときに起こりやすい。生産開始時は、治具や金型の調整が完全に終わっていなかったり、工具／装置の設定値が完全に最終仕様になっていなかったりすることがある。その対処のために暫定の対策を加えているのである。

筆者の経験では、次のようなことがあった。スタッドナットの埋め込まれた板金部品において、生産開始時に板金部品の金型の調整が完了しておらず、スタッドナットの取り付く丸穴にバリが発生していた。金型の調整が完了するまでの間、棒ヤスリによるバリ取りの手作業工程が追加され、そのヤスリ掛けのばらつきにより、穴が拡大してスタッドナットが外れやすくなっていたのである。

このようなことがあってはならないため、生産開始直後には QC 工程表を実際の工程を照らし合わせて確認することは重要である。

8.2.8　検査基準書の確認

検査基準書は、部品の検査方法とその判定基準を記載したものである。体裁部品の外観検査方法、印刷の剥離試験方法などが記載されている。

1 つの検査でもその方法はさまざまである。例えば、部品の反り寸法の測定する場合を考えてみる（図 8.9）。単に「反りは 2 以下のこと」と文章だけで記載されていても、どの部分をどうやって測定するのかわからない。よって、測定方法と判定基準を図示する必要がある。「**誰が測定しても同じ測定方法**」になるように記載されていることを確認する。

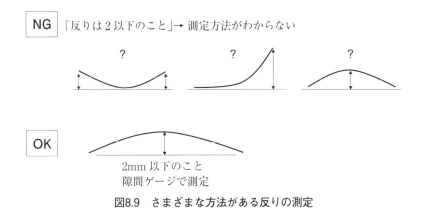

図8.9　さまざまな方法がある反りの測定

8.2.9　出荷検査と受入検査

　部品は、生産の最終工程のあとに行う出荷検査に合格すると、部品メーカーから出荷される。輸送された部品は組立メーカーが受け入れ、受入検査後に製造ラインに投入される。部品メーカーに量産品質の実績がある場合は、出荷検査のデータを添付してもらうことで受入検査の代用とすることもある。

　出荷検査は、設計者が指定しなければ、5 ～ 10 個くらいの検査項目を部品メーカーが決める。しかし、製品になったときに勘合する部分の寸法など、設計者が重要と思うところは設計者が指定して測定してもらいたい。このような寸法のことを管理寸法といい、設計者が 2D 図面で指定する。

8.3　生産開始前の部品承認

　設計者の要求する部品を作製できるようになり、治具・工具／装置の設定値・作業標準書・QC 工程表・検査基準書の確認を完了すると、設計者は部品承認を行う。

　部品承認の意味は、部品メーカーに対しては「生産して OK」、組立メーカーに対しては「部品を受け入れて OK」の合図となる。部品メーカーは承認部品3 個と QC 工程表・検査データ・環境レポートを 3 部用意し、3 社が同じものを 1 セットずつ保管する（図 8.10）。

　部品承認後は、出荷もしくは受け入れた部品が、承認部品と色などの相違があったり、2D 図面に記載された公差やばらつき範囲からはみ出したりしてい

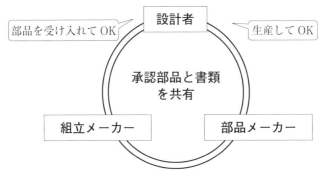

図8.10 承認部品と書類を3社で共有する

れば、それは不良品となる。

承認部品はとても重要である。長期的に部品を生産していると、承認部品と若干異なる部品ができてしまうことはよくある。それに気づいた部品メーカーや組立メーカーの担当者は、まず承認部品と比較して確認する。その確認の依頼が設計メーカーにまで回って来ることもある。

よって3社は、承認部品とそれに付随する書類を、生産期間中は保管しておかなければならない。

8.4　不良の発生原因を知り未然防止

実際に筆者が経験した不良品を4つ紹介する。いずれも中国で発生した不良品であり、その原因は基本的なことができていなかったことにあった。

1) 装置の設定値の確認不足による不良品
2) 作業順を決めてなかったことによる不良品
3) 異常作業による不良品
4) 材料が勝手に変わったことによる不良品

特に海外で生産を行うと不良品はつきものであるが、意図的に発生する不良品はほとんどない。ちょっとした配慮で回避できるものがほとんどである。

8.4.1　装置の設定値の確認不足による不良品

筆者が中国に駐在していたときのことである。プロジェクターの生産が開始され3カ月ほど経ったころ、交換部品であるランプブロックの内部からカラカ

ラと音がする問題が発生した。

　ランプブロックとはアルミダイキャスト製のケースにランプが取り付いたものである。ランプブロックの内部にはランプを効率よく冷却するための風向調整用の２部品で構成された板金部品がある。カラカラ音の原因はそのスポット溶接が剥離したことであった。

　ランプブロックや板金部品は、生産が開始されてから何も設計変更はしていない。よって、これらの製造ラインの工程に何か変化がない限り、不良品が発生することはあり得なかった。さっそく、原因調査が始まった。この板金部品は、中国にある日系商社経由である板金部品メーカーへ発注されていたため、商社経由での情報収集には時間を費やした。

　情報は少しずつ集まり、次のことが判明した。

　生産開始当初は板金メーカーの社内でスポット溶接をしていたが、製品の販売が軌道に乗り板金部品の生産数が増してくると、社内での溶接作業が手いっぱいになった。そのため、スポット溶接の作業の一部を２次メーカーに外注したのである。

　そしてさらなる情報で、その２次メーカーのスポット溶接の設定値が１次メーカーと違っていたことがわかった（図8.11）。スポット溶接の設定条件には、加圧力・電流値・通電時間などがあり、それらの数値が変わったのであった。またこの作業は、どちらのメーカーでも手作業で行われていたこともわかった。

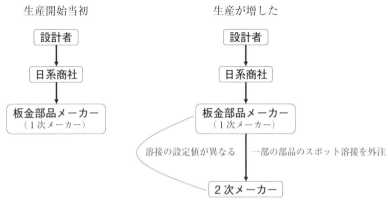

図8.11　板金部品メーカーと２次メーカーの溶接の設定値が異なった

　最終的には溶接機を用いて、治具で部品を固定してスポット溶接を行うことに変更した。新たに加圧力・電流値・通電時間などを設定して、サンプル部品の確認後、生産を再開した。

　この問題の発生の原因を順に見ていく。部品は、その加工工程の何かに変更あると、たとえ部品仕様を満足していても問題が起こることがある。そのために、生産中に作業者(Man)・材料(Material)・工作機械／装置(Machine)・作業方法(Method)に変更があった場合、部品メーカーにはそれを設計メーカーに連絡する **4M 変更申請**を契約で交わしておく必要がある。この契約を交してはいたが今回の部品は商社経由であったため、その連絡義務をどこの企業までが負うのか曖昧になっていたのである。

　また別の原因として、1次・2次メーカーともにスポット溶接が手作業であったことがあげられる。手作業には必ずばらつきが発生する。最初から治具や溶接機を導入しておくべきであった。そしてさらに、溶接条件が作業標準書に記載されていなかったため、その数値が引き継がれることはなかった。

　そして、もっとも反省すべき点は、板金部品メーカーを訪問して作業現場を確認していなかったことである。商社経由の生産であっても、「どこで、どのように」部品を作っているかを知ることは重要である。訪問していれば、おそらくこの不良は未然防止できたに違いない。

　下記に、この問題の原因をまとめる。

《不良品発生の原因》
1)　4M 変更の連絡がなかった(商社経由の場合のルールが曖昧)。
2)　溶接が手作業だった。
3)　溶接条件の記載が作業標準書になかった。
4)　生産開始前に板金部品メーカーを訪問していなかった。

8.4.2　作業順を決めなかったことによる不良品

　筆者が、日本でモニターの設計をしていたときのことである。液晶パネルの背面に取り付いた基板は細長い板金部品で覆われており、この板金部品は10本のビスで留められていた。試作セットの検討段階では、ビスを留める順番など何も考えずに10本のビスを何度も留め外ししていた。液晶パネルは、基板

と板金部品が取り付き液晶モジュールとなり、モニター本体の組立メーカーに輸送され、そこで最終製品の組立てが行われた。

　モニターの生産が開始され、筆者が組立メーカーの製造ラインに立ち会っていたときのことである。輸送されてきた液晶モジュールを保護袋から取り出した作業者が、保護袋の中から脱落した1本のビスを見つけたのである。板金部品は、9本のビスでしか留まっておらず大きな問題となった。

　なぜ、1本だけビスが脱落したのか。もちろん、液晶モジュールの包装貨物試験は実施しており、輸送中の振動でビスが脱落しないことは確認済みであった。しかし、保護袋の中からビスが見つかったということは、輸送中に脱落したとしか考えられない。つまり何らかの理由でビスが外れやすい状態になっていたことになる。

　この問題が発覚した直後から、設計仲間で原因究明が始まった。その中の1人は、10本のビスの留める順番を変えて、何か異常が起こることはないかを検証していた。とても地道な作業であったが、3〜4時間経過した頃この設計者が突然「小田さん、わかった！」と言い出したのであった。ビス留め順の違いによって板金部品の穴位置がわずかにずれ、ビスとその固定部の間に板金部品が挟まってしまうことがわかったのである（図8.12）。これは、板金部品の反りと、ビス固定部の形状が大きく影響していた。

　ビス留め順によってこのようなことが起こるのはごくまれであるが、あらゆる製品の組立てにおいて、組み立てる順番が違えば、組み上がった製品の状態はごく微小ではあるが差異があることは知っておくべきである。

　よって、たとえ何も問題が起こらないと思っても、**すべての組立作業に順番を決めておく**ことは鉄則である。この製品の場合、ビス留め順を決めたあとその順番の番号を板金部品のビス穴近辺に刻印しておくか、生産開始前までに作業標準書にビス留め順が記載されていることを確認し、もし記載がなければ順番を決めて指示しておくべきであった。

　日本の組立メーカーであれば、たとえ設計者が組立の作業順を指定しなくても、製造技術の担当者が作業順を決めて、作業標準書に記載しておくことが多い。しかし、中国の組立メーカーは、設計者が指定しなければ、「指定なし」と理解してさまざまな作業順で組み立ててしまう。指定しなかったので、当たり前ともいえるが、このような対応の違いが中国で不良品が発生しやすい理由の1つでもある。

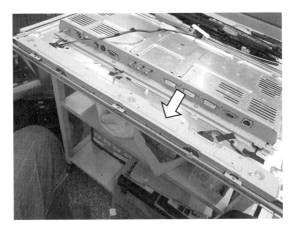

図8.12　不良の発生した液晶モジュールとビス留め順

8.4.3　異常作業による不良品

　筆者の担当するモニターの生産が開始された数週間後、モニターのベゼルに取り付いた板金部品を固定するビスが、斜めに留まっているものと最後まで留まっていないものが、この部品メーカーの出荷検査で多く見つかった。1つのベゼルに板金部品は8個取り付いており、それぞれが2本のビスで留まっているので、ビスは合計16本あった。

　このビス留め作業は、1人の作業者が行っていた。板金部品を片手に持ち、ベゼルの所定の位置にそれを置き、その板金部品を指で支えながら電動ドライバーで2本のビスを留める。そして、この作業を8回繰り返すのである。ビスを真上から留める作業は非常にやりやすく、ビスを斜めに留めてしまうことは考えにくかった。また、電動ドライバーは、規定のトルクに達すると「カチッ」と音がして停止するため、最後まで留めないことも考えにくかった。とりあえず出荷検査を強化することにし、根本的な原因を見つけその改善を行うために、筆者は中国に出張することになった。

　このビス留め工程は単純な繰り返し作業であったが、この工程に原因がある
としか考えられなかったので、筆者はただずっと眺めていることにした。

　眺め続けて、3〜4時間が経過した頃である。ビス留め作業にやや遅れが発
生すると、ビス留め作業者より上流にいた別の作業者が、ビス留め作業者のラ
インを挟んだ向かい側に来て手伝いを始めたのであった。その手伝いの作業者
は板金部品を片手に持ちベゼルの所定の位置に置いて、どこからか持ってきた
電動ドライバーの先端のビットを指で回して2本のビスを仮留めするのであっ
た。指だけの力なのでネジは緩くしか留まらないが、ネジ部が見えなくなるく
らいは入り込んでしまう。原因はここにあった。

　仮留めしたビスは、見た目では最後まで留まっているように見える。電動ド
ライバーの作業者はビスが16本もあるため、仮留めされたビスを自分でビス
留めたものと勘違いしてしまい、ビス留めをしないことがあったのである。

　また、手伝いの作業者は、自分の持っている短いビットが斜めになっている
ことに気づかず、斜めにビスを仮留めしてしまうことがあった。電動ドライ
バーの作業者は、小さなビスが斜めになっていることに気づかず、電動ドライ
バーで一気に留めてしまうのである。これが、斜めになったビスが原因であっ
た(図8.13)。

　このように別の作業者が手伝いに来るような異常作業はめったに起こらない
ので、なかなか原因は見つけにくい。製造現場を数分間確認したとしても、見
つけられる確率はとても低いであろう。この対策はむずかしいが、現在は監視
カメラで異常作業は検知できるので、それを活用したい。

ビス留め作業者　　　　　　　　　　　　　　　　　　　手伝いの作業者

ビット

図8.13　手伝いの作業者と2人でビス留め作業を行う異常作業

8.4.4　材料が勝手に変更されたことによる不良品

モニターがユーザーに納品された数日後に、モニターの樹脂製リアカバーのビス穴の周囲が突然割れる問題が発生した。このモニターは生産が開始されてすでに2年が経過しており、その期間中にリアカバーの変更は何もしていなかった。

さっそく、原因究明が始まった。設計検証における強度試験で、試験基準を間違えて試験をしてしまった可能性、社内で定めている試験基準以上の力が加わった可能性などを考え数種類の再現試験を行った。しかし、まったく再現はしなかった。こうなると、樹脂材料に何か変化があったとしか考えられなかったため、赤外線分光法で材料解析を行うことにした。

その結果、そもそもこの樹脂材料に含まれるはずのない材料成分が、ごくわずかではあったが含まれていることがわかったのである。この樹脂材料は、日本の樹脂メーカー製であった。もちろん樹脂材料は何も変更されていないので、誰かが意図的にある材料成分を加えたとしか考えられなかった。実は、このモニターは台湾メーカーにODM（設計製造委託）しており、問題のリアカバーは中国で生産されていた（図8.14）。

日本でいくら考えていてもすでに何も進展はなかったため、ODM企業に連絡をとり、中国にあるリアカバーの成形メーカーを訪問することになった。リアカバーの割れは、生産が開始された約2年後の数台のモニターにしか発生していなかったため、筆者は、まずODM企業でのモニターの製造日と成形メーカーでのリアカバーの成形日、樹脂材料の樹脂メーカーからの出荷日と成形

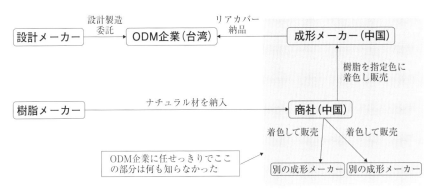

図8.14　リアカバーを生産する企業の相関

メーカーへの納入日の相関を調査することにした。

この調査のため日本の樹脂メーカーに電話をしたところ、意外な事実がわかったのである。日本の樹脂メーカーは成形メーカーに直接納入しておらず、中国のある商社に納入していたのであった。そしてさらに、その樹脂材料は設計者が指定したものとは異なっていた。通常設計者は、成形メーカーに樹脂メーカー名／型名／色番号を指定し、樹脂材料を購入してもらう。しかし日本の樹脂メーカーは、色番号のないナチュラル材という無色の樹脂材料を出荷していたのであった。さらに、その出荷量は成形メーカーへの納入量より多かったのである。このことから、間に入っている中国商社が、その無色の樹脂材料を別用途に転用していたことがわかったのである。

ここでの大きな問題は、無色のナチュラル材が着色されて成形メーカーに納入されたことであった。つまり、樹脂材料にある着色成分が加えられ、この着色材が樹脂材料に問題を引き起こした可能性があることがわかったのである。さっそく、ODM企業と成形メーカーの担当者と引き連れて、商社を訪問することになった。すでに、着色した事実を隠すことはできない商社の社長は、皆の待つ会議室に現れはしたが、「指定の色に着色して何が悪いのか、同じだろ！」とわめきたてて、数分で会議室を出て行ってしまった。この商社は、無色のナチュラル材を安く大量に購入して、自社で着色し別の成形メーカーにも販売していたのであった。指定した色番号の樹脂材料を購入するより、無色のナチュラル材を大量に購入して自社で着色したほうが、コストメリットがあると計算したのであろう。

このとき樹脂材料の着色はドライカラーという粉末で行っていた。樹脂材料のペレットに粉末が付着するので、成形メーカーにももちろん着色したことがわかる。実は、成形メーカーはこのことを知っていたのであった。成形メーカーと商社の社長は、昔からの友人であったのである。

このような問題は**サイレントチェンジ**といわれ、設計メーカーの知らないところで、勝手に材料が変わることにより発生する不良品である。これを未然防止するためにすべきことは、まず自分の担当する部品が**どこで**、**どのように**作られているかを知ることである。この問題では、実は調査を開始したときに、初めてリアカバーの成形メーカーの名前を知ったのであった。つまり、台湾のODM企業にすべてを任せてしまっていたのである。生産開始前に成形メーカーを訪問していれば、信頼関係もできこのようなことは起こらなかったかも

しれない。少なくとも成形メーカーを知り商社の存在も知っていれば、この問題の調査に約半年も費やすことはなかっただろう。

8.5 検査方法のトレンド

人の作業にミスはつきものである。しかしながら、IoT や AI 技術によって、そのいくつかは解決できるようになった。ここに 3 つの例を紹介する。

8.5.1 骨格を利用した作業方法の監視

図 8.15 のように、人間の骨格の動きをカメラで捉えることによって、異常作業を判断できるソフトウェアを開発している企業がある。

このソフトウェアは、作業方法の間違え、作業順の間違え、部品の取り間違え、工具の取り間違えなどを判断できる。8.4.3 項「異常作業による不良品」のような異常作業も見つけることができる。

8.5.2 カメラによるインライン検査

各工程の作業者が自分の作業を終えたときに、そのでき具合の判定をカメラで瞬時に行う。

工程が複数あり作業者が並んでいる場合、前工程の作業者から送られた部品のでき具合を目視で確認し、自分の作業完了時にもその部品のでき具合を自ら目視で確認して後工程に送ることは、これまでも行ってきた。これをインライ

図8.15　骨格の動きにより作業を監視する

ン検査といい、メリットは次のとおりである。

《インライン検査のメリット》
1)　全数検査ができる。
2)　NG品だけラインアウトすればよい。
3)　NG品の原因をその場でフィードバックできるので作業改善が早い。

しかし、目視のインライン検査には次のようなデメリットもある。

《目視のインライン検査のデメリット》
1)　目視で行うためタクトタイムが増える。
2)　目視で判断できる内容の精度に限界がある。

　目視をカメラで代替すれば、これらのデメリットはなくなる。カメラなら瞬時に判断ができ、その精度も高い。例えば、ガスケット貼り作業における所定位置からのはみ出し(図8.16左)や部品への乗り上げ(図8.16右)などが判断できる。左は目視でも判断できるが、右は目視では見逃しやすい。

　人間の目で見ることはできるが、個数や有無の確認が困難なものもある。板金に不規則に取り付いた複数のスタッドナット(図8.17左)の個数や、小さなネジ穴のネジ溝(図8.17右)の有無である。また、線材処理のミスを線材の色違いで判断する場合も、目視よりカメラのほうが確実に判断できる。

　これらのように、目視検査をカメラで行うことによって、その精度は飛躍的に上げることができる。さらに、それを瞬時に行うことができるので、検査時間をかけることのできないインライン検査に有効である。

8.5.3　ディープラーニングを活用した検査

　ディープラーニングを活用した検査は、例えば、傷や接着剤のはみ出し(図8.18)など、判断する形状が不定形で、かつ位置が一定でない部品に適している。良品と不良品の判断基準を定量化できず、人間の感覚的な判断に頼るしかない判断である。

　ディープラーニングで不良品を判断するソフトウェアの開発は、多くの企業が取り組んでいるため、不良の内容に相性がよいものを選ぶとよい。

はみ出し

乗り上げ

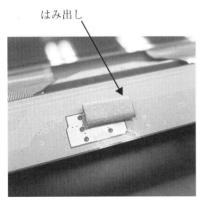
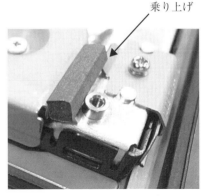

図8.16　ガスケットの所定位置からのはみ出し(写真左)と部品への乗り上げ(写真右)

(出典)　「精密板金加工のバーリングと活用事例」、㈱平出精密 HP(写真右)

図8.17　目視では確認しにくい不良品[1]

接着剤のはみ出し

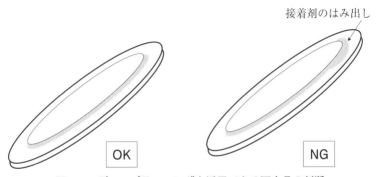

OK

NG

図8.18　ディープラーニングを活用できる不良品の判断

　不良品のほとんどは、「定められた作業」が正しく行われなかったことによって生じる。よって、QC 工程表と作業標準書に記載された「定められた作業」を、人間の骨格の動きで監視する。

　そして、もし監視に漏れがあればそれをインライン検査で検出する。これらはどちらも、作業者にフィードバックして改善を促すことができるので、OK と NG を判断するだけの検査ではなく、常に作業改善を行っているともいえる。

　これらで、ほとんどの不良品の発生を改善することができるが、検査で不良品の判定がしにくいものはディープラーニングを活用する。

第9章

DX とこれからのモノづくり

9.1 DX の 3 つの方向性

9.1.1 効率化、連携化、協業化

　DX（Digital Transformation：デジタルトランスフォーメーション）という言葉が使われるようになって久しい。DX とは「企業が IT や AI を利用して事業の業績や対象範囲を根底から変化させる」ことを意味するが、一般的にはこれまでの社内の紙の資料をデジタルデータにし、そのデータをやりとりすることによって業務をスムーズにしたり、データの保管や検索をしやすくしたりする、社内業務の**効率化**がほとんどである。

　事務的な業務をする職場であれば、電子承認システムや AI 見積システムなどがあり、製造現場であれば、AGV（Automatic Guided Vehicle：無人搬送車）や工作機械に取り付けたセンサーによる稼働管理などがある。

　しかし、それ以外にも DX といわれるものは多くある。それは、協力企業とのデジタルデータの**連携化**によって業務を早く正確に進めたり、異業種とデジタルデータを使った**協業化**をすることによって業態を拡張したりするものであ

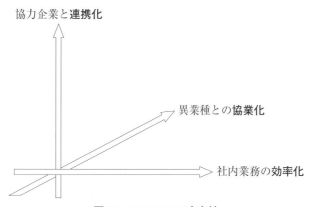

図9.1　DX の3つの方向性

る。連携化には、設計メーカーと部品メーカーを連携した受発注システムなどがあり、協業化には、自動運転技術に関するトヨタとソフトバンクの提携などがある。

このように、DX には効率化、連携化、協業化の 3 つの方向性があり（図 9.1）、もちろんこれらの組合せもある。

9.1.2　ラクスルの DX

DX という言葉は、2018 年に経済産業省が「DX を推進するためのガイドライン」を作成した時期から、私たちがよく耳にするようになった。

しかしいくつかの先進的な企業は、すでに以前から始めていた。その典型はラクスルである。印刷会社の印刷機の稼働率が約 40％しかないことに注目し、それら複数の印刷会社の非稼働の印刷機をまとめて仮想的な 1 つの印刷会社とした。そして、Web で印刷物を受注するラクスルは、その印刷会社と**連携化**したのである（図 9.2）。そして、Web 上で受注から印刷物のデータチェック（校正）を行うことによって業務の**効率化**を図り、さらに印刷物のサイズや紙質、部数など異なる多くの受注に対して、最適な印刷方法と印刷機を導き出すアルゴリズムによって**効率化**も行った。

その結果、個々の印刷会社はこれまで非稼働だった印刷機を効率的に稼働させることができ、印刷物の発注者は短納期で安く印刷物を購入できるようになった。これは、DX の典型といえる。

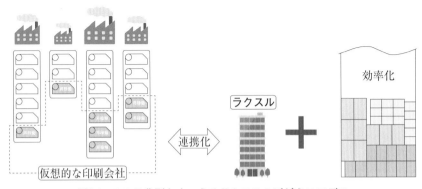

図9.2　DX の典型ともいえるラクスルのビジネスモデル

9.2　DX の真の目的を理解する

9.2.1　自動車業界の DX

　新しく自動車を購入するときのことを考えてみよう(図 9.3)。まず、自動車のディーラーでお目当ての自動車に試乗し、気に入った自動車が見つかれば購入する。数日後に納車され、そのあと損害保険に加入する。旅行やショッピングなどで自動車を活用し、ときには縁石にぶつかったり自動車同士でぶつかったりする事故を起こすかもしれない。そして、そのあとは 2 〜 3 年後の車検となる。

　ここで、自動車メーカーが異業種である保険会社と**協業**すると考えてみる。保険会社は、事故原因に関するデータを持っているため、自動車メーカーはそれを入手し解析することによってユーザーと車種の相性を判断し、次回の自動車の購入時にはよりよい車種を提案できる。また保険会社を経由して、自動車の修理工場から自動車の設計改善データが得られるかもしれない。

　自動車メーカーは車検を行う自動車工場と**連携**している場合が多い。その自動車工場から劣化パーツのデータを入手すれば、適切な時期に交換部品の準備ができよりよいサービス体制を構築できる。またそのデータは、自動車の設計

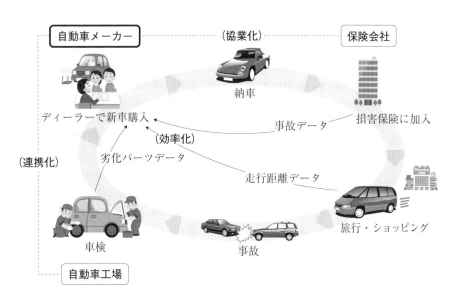

図9.3　自動車メーカーの DX

修正や次期モデルの設計改善に役立てることもできる。

　さらに、ユーザーの乗っている自動車から直接データを取得すれば、よりよいサービスを**効率**よく提供できる。例えば、走行距離のデータを入手すれば、劣化パーツの情報提供や自動車の買い替え時期の案内をすることができる。

　また最近では、ワイパーの稼働状況とその自動車の位置情報を組み合わせることによって、ある地点の降雨量をお知らせするサービスが考えられている。常に移動している自動車からのデータであるため、日本中のあらゆる箇所を網羅しており、さらに地上のデータであるため、人工衛星のデータから解析される降雨情報より正確である。

9.2.2　「エコシステム」と「モノからコトへ」

　このように、自動車メーカーは保険会社と**協業**、自動車工場と**連携**、さらにユーザーの乗る自動車から直接データを**効率**良く収集することによって、「より相性のよい自動車」で「より品質のよい自動車」を「より適切な時期」に提供し、購入後は「よりよいサービス」を提供できることになる。これらは一連となり、循環させていくことができるので**エコシステム**ともいわれている。

　また、自動車というモノの提供だけではなく、効果的なサービスや、降雨量情報のように、よりよいサービス（コト）を併せて提供することができるため、**モノからコトへ**といわれている。「モノを起点としてコトも併せて提供」が正しい言い方である。

9.2.3　単品モノと連携モノの製品
(1)　単品モノ、連携モノとは

　製品には単品モノと連携モノがある。例えば洗濯機やシェーバーは、個々のユーザーが同じ方式を使用しても、あるいは別々の方式の製品を使用しても、利便性は何も変わらない。これが、単品モノである。

　しかしスマートフォンは、ユーザーによって通信規格が異なれば電話が通じない。ユーザー全員が同じシステムの製品を使用することによって、大きな便利さを享受することができる。これが、連携モノである。

　筆者が昔トルコを旅行したとき、現地で知り合ったシンガポール人が自分の携帯電話でシンガポールの友人と電話をしているのに驚いたものであった。今では当たり前かもしれないが、当時は日本の通信システムが日本の独自仕様で

あったため、日本に電話することはできなかった。

(2) 連携モノの効果を予測できなかった製品

1975 年、ソニーはベータマックス方式のビデオ機器を開発した。しかし、そのあとビクターはカセットサイズが一回り大きい VHS 方式を開発し、規格争いであるビデオ戦争が勃発することになった。そして 1980 年の後半には、ベータマックス方式は市場から消えることになったのである。

このベータマックス方式の敗因には諸説あるが、このビデオ戦争は連携モノの製品の大切な教訓となった。ビデオ機器には、もちろん単品モノとしての付加価値がある。画質や音質、ビデオカセットの録画時間などである。しかし、連携モノとして考えるのであれば、連携モノとしての付加価値をしっかりと把握しておかなければならない。

それはビデオカセットが連携媒体として生み出す付加価値であり、知人同士で好きなテレビ番組を録画してビデオカセットを交換して楽しむこと、またビデオレンタル店からビデオカセットをレンタルして、録画済みのコンテンツを楽しむことができることであった（図 9.4）。

このビデオ戦争の場合、知人同士でのビデオカセットの交換や、ビデオレンタル店が出現することは、開発当初に予測できなかったかもしれない。しかし、

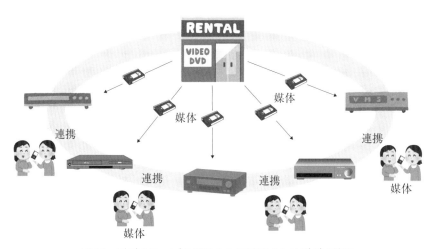

図9.4　ビデオテープを媒体として連携されるビデオ機器

これからの時代は連携モノになることを常に意識して、製品企画を考えなければならない時代になってきている。

⑶　IoT でモノとモノをつなげる

　最近は、「IoT でモノとモノをつなげる」がモノづくりのキーワードになっている。これは連携モノと同じような発想である。

　別の製品同士を IoT でつなげたり、別の人の持つ**同じ製品**を IoT でつなげたりすることによって、新たなサービスを提供するのである。前者は、例えば湯沸ポットの使用データや冷蔵庫の開閉データをスマートフォンで入手して、高齢である両親の行動を見守るような製品のことである。後者は、複数の iPhone を連携して探し物を見つけ出す Air Tag のような製品のことである。特に後者は、多くのモノをつなげればつなげるほど、そのサービスによる付加価値の効果は増大する。9.2.1 項「自動車業界の DX」で述べた降雨情報のサービスもこれに当たる。

　スマートフォンは常時持ち運ぶ人が多いので、つながる起点になるモノはスマートフォンになる場合が多い。そしてこれからは、多くの人が乗る自動車もつながるモノになろうとしている。自動車のスマートフォン化というのはこの観点からもいえる。

　これからのモノづくりは、意図的にあらゆる製品をつなげる時代である。電気製品であれば、ほぼすべての製品を連携モノにしていくくらいの発想が必要かもしれない。

9.2.4　DX の真の目的

　DX を単に、社内をデジタルデータ化し業務の効率化を図るものととらえると、それは以前からも少しずつ行われている省人化や労働時間の短縮のためのものと同じになってしまい、そこに新しさはない。DX が真に目的としていることは、デジタルデータ化によってモノを起点としてコトも併せて提供することによって、**ユーザーと多くの接点を作り情報を収集し、よりよい、より適したモノをより適切な時期に提供して、さらに販売後にもよいサービス(コト)を提供することによって、長くファンでいてもらう循環を作ること**である。

　モノとモノ、モノとコト、コトとコトをつなげるのは、日本人の**おもてなし文化**そのものである。旅館(モノ)に行けば、女将が出迎えてくれ(コト)、部屋

にお茶と和菓子(モノ)を持ってきてくれる。夕食(モノ)も部屋まで持ってきて
くれるし(コト)、お風呂セット(モノ)も用意されている。旅館には必ずお土産
屋(モノ)がありそして、帰りには「また、次回もお待ちしております」と挨拶
(コト)がある。そして、年に 1 回くらいハガキが送られてきて、次回の案内(コ
ト)をしてくれる。

　このおもてなしは、日本人が昔から実践してきた文化であり日本人の得意分
野である。これを考えると、これからのモノづくりにおいて日本の勝機は十分
にあるといえる。

第10章

日本のモノづくりの課題とこれから

10.1 日本の技術者が置かれている状況

10.1.1 モノづくり立国日本に迫る脅威

　図10.1は、2018年から2021年までの日本のモノの貿易輸出額の内訳である。

　帯グラフの2021年を見ると、71.2％は製品と部品の輸出であることがわかる。部品は、それを製造している企業にとっては製品であるため、日本は貿易輸出額のほとんどを製品の輸出で占めていることになる。資源の乏しい日本は、他国から資源を輸入して材料を作り、それを加工して部品を作って販売したり、部品を組み立てて最終製品にして販売したりして、国を成り立たせている。

　しかし、今そこに脅威が迫りつつある。それは中国の脅威である。4.4節「製品の製造性～正しく組み立てやすい」で述べた中国人の爆買いが、2016年から激減してきている。中国製品の品質がよくなり、「Made in Japan」にこだわる必要がなくなってきているのである。

　再度、図10.1を見てほしい。化学製品は12.8％を占めている。筆者が中国に駐在していた2013年の頃は、中国製の化学製品はソニー製品の内部の部品の材料として使用することはほとんどなかった。プラスチックの材料であるペレットはほとんどが日本製であり、スポンジのような材料もすべて日本製であった。

　主に、物性的な理由や経時変化による劣化の理由から日本製を選択していたが、環境規制もその理由であった。化学製品の環境規制は厳しく、各国が規制する使用禁止の環境汚染物質を含んでいてはならない。化学製品は外観でその見分けが付かないため、信頼感のある日本製を使用していたのであった。

　この頃は、化粧品は資生堂をはじめとする日本製でなければ、中国人でさえ安心して買えなかった。しかし、最近は中国製の化粧品にかなりの人気が出てきている。見た目や使ってみてすぐその良し悪しの判断がつかない化粧品でも中国製の人気が出てきているということは、化学製品の品質に対する信頼感が

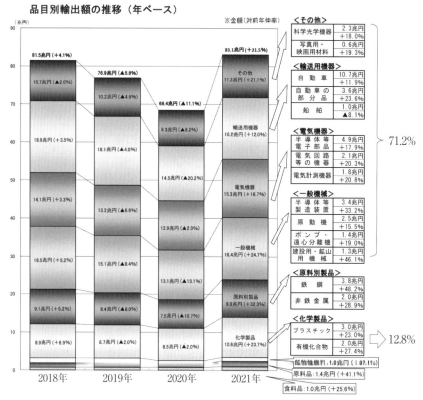

（出典）「財務省貿易統計」に加筆。https://www.customs.go.jp/toukei/suii/html/data/y2.pdf
図10.1　品目別輸出額の推移[1]

高まってきた証拠なのである。

　これらのように、中国製品の品質にもっとも敏感である中国人が、中国製を買い始めている。それはつまり、日本が貿易で世界に輸出する製品についても、中国製に置き換わっていきかねないということである。

10.1.2　足りない日本の技術者

　日本の技術者の数は足りていない。日本の技術者の割合は、全就労人口のたった 3.8％ の 230 万人しかいない。それに対して中国の技術者は 1,000 万人以上である。ちなみに製造ラインの作業者は技術者には含まれない。人口比率的には中国と比較して日本のほうが高いが、貿易輸出額の 71.2％ が技術者の

作った製品であるにしては、この数値は低いといえる。

　ITエンジニアに関しても同じである。総合人材サービス会社のヒューマンリソシアが、国際労働機関(ILO)の公表データや各国の統計データをベースとして独自分析した推計をまとめた「2022年版：データで見る世界のITエンジニアレポート vol.5」[2] によると、日本のIT技術者の数は132万人であり、米国の514万人、中国の281.4万人、インドの226.7万人に次ぐ4番目である。人口の割には多いが、モノづくりで世界をリードしていくには少ないかもしれない。

　技術者の仕事はカット＆トライであり、数ある技術的な選択肢の中から早く正解を見つけ出すのが勝負となる。よって、カット＆トライをする技術者の数が多いに越したことはない。

　そのような中で、日本国内で必要以上のシェア争いをすることは、国際競争においてはマイナスである。例えば、日本でPayPay、楽天Pay、d払いなどのQRコードのキャッシュレス決済は約5社が乱立している。電子マネーに至っては約10社もある。そこで働く技術者は同じような仕事をしていることになる。

　重複した仕事をしているのは無駄である。キャッシュレス決済が市場で導入された当初は、多くの企業が競争することよって技術力を高めていくことは重要であった。しかし技術が高止まりしてくると、多くの企業での競争は技術者の無駄遣いになってくる。中国では14億の人口で、日本の2倍のITエンジニアがいるにもかかわらず、電子マネーのWeChatPayとAlipayの2つしかない。ITエンジニアの無駄遣いはしていない。

10.2　中国人との発想の違いから学ぶこと

10.2.1　品質よりスピード重視の中国人

　ある製品の検証項目が10項目あり、それらをすべてクリアすれば次のステップに進めるとする。日本人はこれら10項目のすべて完璧にクリアしてから次のステップに進む完璧主義の生真面目な国民性である。しかし、中国人の仕事の仕方はそうではない。大体8割くらいの完成度で次のステップに進む。これは、決して2項目を検証しないまま次のステップに進んでしまうということではなく、そもそも8項目の検証項目しかないか、その検証のハードルの高さが8割くらいということである(図10.2)。

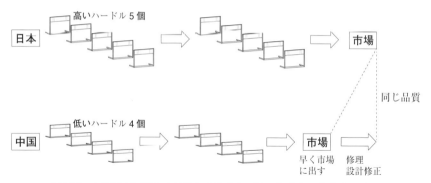

図10.2　10割の完成度で出荷する日本と8割の完成度で出荷する中国

　大切なことはスピードであり、早く市場に出すことなのである。たとえ品質的な問題が発生しても、次のステップで解決すればよいという発想があり、最終的にはある程度の品質的な問題点を抱えながら製品は市場に出る。そして、もし市場で問題が発生したら、市場で部品交換などをして修理すればよいと考える。

　8割の完成度で製品を早く市場に出して、市場で改善を繰り返しながら完成度を高めるのと、10割の完成度で遅れて市場に出すのを比較すると、結果的にある一定の品質レベルに到達するのに要する時間はほぼ同じかもしれない。

　そうであれば、より早く市場に出して多くのシェアを取ったほうが、確かに有利かもしれない。必要と考える最低限の品質レベルで早く市場に出して、多くのシェアを取るのが中国人の考え方なのである。中国人と品質の話をすると、「使えれば問題ない」と言うのはここにも理由があるのかもしれない。

10.2.2　信頼性を重視する日本のモノづくり

　一方、一度市場で問題を起こせば、メーカーの信頼感が失われると考えるのが日本人である。企業が品質レベルを高めに設定し、市場で品質問題を起こさないように設計をする。設計に時間がかかり早く市場のシェアを取ることはできないが、それによる信頼感によって最終的には多くのユーザーを獲得できるという考え方である。話はややそれるが、昨今の日本メーカーの品質問題は、定められた品質試験をしなかったり、データを偽装したりする品質不正というコンプライアンス違反であって、技術的な理由で品質レベルが低下したのではない。

　信頼感を重視する考え方は、日本が島国であるため人の出入りが少なく、お互いが信頼感を大切にしてビジネスを行っていく国民性を持っているからと一般的にはいわれるが、日本の人口も密接に関係している。日本の約1.2億の人口は、モノづくりでの投資を国内の需要で回収できるちょうどよい人口なのである。日本と中国の人口、そして人口が少ないイスラエルを比較して考えてみる。

10.2.3 「信頼獲得重視」の日本と「市場獲得重視」の中国
⑴　人口によって異なるモノづくりの考え方
①　イスラエルのモノづくり

　人口約14億人の中国と人口約1.2億人の日本に、人口約900万人のイスラエルを加えて比較する（図10.3）。イスラエルはモノづくりのスタートアップ企業がとても多い国である。人口当たりのスタートアップ企業数は世界一である。しかし、そのほとんどのスタートアップ企業は、米国を主とする海外の企業に技術を売ったり買収されたりしていく。その理由の1つは、約900万人の人口の国ではモノづくりで投資した費用を回収できるだけのユーザーを獲得することが難しいからである。

　よって、製品の生産は需要が多い海外の国に任せるのである。イスラエルは、製品を販売するのではなく技術を販売する。よって、ここには、ユーザーから信頼を獲得する考えはなくてもよい。

②　中国のモノづくり

　この対局にあるのが中国である。約14億人の人口があれば、いくらユーザーから信頼感を失っても別のユーザーはいくらでもいる（図10.3）。つまり、ユーザーから信頼を獲得する必要がないのである。よって筆者は中国駐在中に、このような中国人の考え方を「一発屋」と表現していた。ユーザーから信頼を獲得できなければ、次のユーザーを探すということである。

③　日本のモノづくり

　最後に日本を考えてみる。日本は国内の需要で投資を回収するのにちょうどよい約1.2億の人口である。ここでは、信頼を獲得して紹介やリピートをもらい次の仕事につなげていく発想が大切になるのである（図10.3）。

　モノづくりの投資とは、例えば金型費のことである。ある製品の金型費が1,000万円だったとする。この製品がそれぞれの国の人口の0.1％に売れるとす

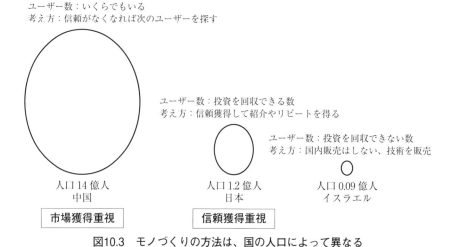

ユーザー数：いくらでもいる
考え方：信頼がなくなれば次のユーザーを探す

ユーザー数：投資を回収できる数
考え方：信頼獲得して紹介やリピートを得る

ユーザー数：投資を回収できない数
考え方：国内販売はしない、技術を販売

人口 14 億人
中国

人口 1.2 億人
日本

人口 0.09 億人
イスラエル

市場獲得重視

信頼獲得重視

図10.3　モノづくりの方法は、国の人口によって異なる

ると、中国、日本、イスラエルではそれぞれ、100 万個、10 万個、1 万個売れることになり、製品 1 個あたりの金型費の負担は、中国は 10 円、日本は 100 円、イスラエルは 1,000 円となる。

　製品 1 個の販売価格の中に中国は 10 円の金型費、日本は 100 円、イスラエルは 1000 円が含まれると考えると製品の販売価格はどの国もだいたい同じであるので、イスラエルは販売価格の中の金型費の占める比率が高すぎてしまい、利益が出ないもしくは損をしてしまうこともある。一方の中国は、金型費の負担がたった 10 円なので利益を出しやすい。これが、中国が世界の市場といわれる所以でもある。

④　**日本はどうすべきか**

　このような日本の「信頼獲得重視」のモノづくりと、中国の「市場獲得重視」のモノづくり、そしてイスラエルの技術販売の考えのうち、どれがこれらかの日本に重要になってくるであろうか。筆者の回答は「信頼獲得重視」である。

　その理由は 2 つある。1 つは、日本は日本の得意分野を活かすべきであり、相手の土俵で戦うべきではないからである。2000 年過ぎに、日本は中国との間でコスト競争を繰り広げ、大敗を喫した歴史がある。人件費の高い日本が人件費の安い中国に勝てるはずはなかった。もう 1 つは、「信頼獲得重視」の確実にステップを踏んでいく設計方法のほうが、修理や改修の費用と時間のムダを削

減でき、トータル的に少ない費用で設計ができるからである。モノづくりでは、修理や改修などに膨大な費用と時間が必要になる。そして、それは設計が進むにつれて2次関数的に増大していく。このデメリットは計り知れない。

しかし今後は日本も、イスラエルに見られるような技術の販売も視野に入れるべきかもしれない。その理由は、日本の人口減少である。2050年には1億人を切ると想定されている。そうなれば、国内だけでは十分なユーザーを獲得することはできない。人口約0.5億人の韓国のLGやサムスンは、海外ユーザーの需要を前提にしたモノづくりをしている現状がある。

(2) 連携モノの製品で必要な、「市場獲得重視」の考え方

「市場獲得重視」の考えは、連携モノの製品では必要である。それは、「IoTでモノとモノをつなげる」には、その製品のユーザーを早く多く獲得していくことが重要だからである。ユーザーが増えるにつれ製品の利便性は増し、それがさらに多くの新規ユーザーの紹介を生むのである。

単品モノは「信頼獲得重視」、連携モノは「市場獲得重視」のハイブリッドの発想が必要になるといえる。

10.2.4 やってはいけないこと以外をする中国人

2022年の3月、ウクライナのゼレンスキー大統領が日本の国会で演説をしたいと申し出てきた。これに対する日本政府のコメントとしてテレビ放映されたのは「前例がない。また、設備がないので検討が必要」であった。「設備がない」は理解できるが、「前例がない」は国会演説を行うことと何の関係もない。しかし、このような言葉は日本ではごく一般的に用いられ、前例を重要視する日本人は「やってよいことをする」国民性と考えてよい。一方の中国人は「やってはいけないこと以外をする」国民性といえる（図10.4）。

図10.4で、すべての案件に対して日本人の実施できる案件数が中国人に比べて圧倒的に少ないことがわかる。日本のイノベーションが少ない一因といえる。そしてその差を作っているのは、行政や会社の上司、親、そしてもしかしたら自分自身の経験であったりする。この「やってはいけないこと以外をする」国民性のある中国で、とても多くのイノベーションが起こっているのは周知の事実である。

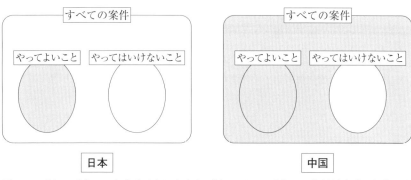

図10.4　「やってよいことをする」日本人と、「やってはいけないこと以外をする」中国人

10.3　設計メーカーの課題とこれから

10.3.1　高止まりするハード中心のモノづくり

　一般の電気製品は主に機構（メカ）、電気（エレキ）、ソフトウェアの３つのカテゴリーで成り立っている。そして最近の製品は、スマートフォンのようにソフトウェアの占める比率が増えている。このことがわかりやすい製品は、自動車である。昔の自動車は、ほとんどが機構部品であった。そして、電灯をはじめとする電気製品が世に出始めてくると、自動車の中にも簡単な動作のために電気が使われるようになってきた。次に、ソフトウェアが組み込まれるようになった。現代の自動運転の自動車は、ソフトウェアがあるからこそ成立する。

　1980年代に、日本は「日本品質」「技術立国日本」ともてはやされたが、これらの品質、技術は機構と電気のハードウェアに関することであった。しかし、ハードウェアの技術が高止まりし、製品の中でソフトウェアが重要視されている現在、ITエンジニアの少ない日本は苦しい立場を強いられている。「何をもって世界で勝負していくか」がこれからの日本に問われているのである。

10.3.2　日本がソフトウェアの弱い理由

　現在は、ハードウェアの技術が高止まりしてきている。しかし、これまでハードウェア中心のモノづくりで日本は世界の中で優位に立ってきたため、モノづくりはハードウェアが主役であるという考えが日本の設計メーカーには根強く残っている。

　設計メーカーの社内では、製品の事業責任を負う設計部署には機構と電気の

ハードウェア設計者がいて、ソフトウェアの部署は別になっていることが多い。ハードウェア設計者がソフトウェアの要求仕様書を作成し、ソフトウェアの部署に設計を依頼する構図になっている。

　つまり、ハードウェア設計者が発注者であり、ソフトウェア設計者は受諾者となる。ソフトウェア設計者は製品の主導権を握ることなく、あくまで要求仕様書にもとづいてソフトウェアを設計する。しかし、製品仕様の中でソフトウェアが重要視される現在は、いつまでもこの関係であってはならなく、ソフトウェア設計者が製品の主導権を持つようになる必要がある。ソフトウェア設計者はいつまでも、受諾意識であってはならないのである。

　これは設計メーカーの組織にも表れる。多くの設計メーカーでは、過去に利益を上げ出世してきたハードウェア出身者が組織の上層部を占めている。そのため、ソフトウェア出身者は会社の上層部には行きにくく、その結果ソフトウェアに重きをおく製品も生まれず、ソフトウェアの技術力も向上しにくくなっている。つまり、会社の上層部にいるハードウェア出身者の意識改革も必要ということである。ソフトウェア出身者を上層部に登用し、さらにソフトウェア設計者を事業責任を負う事業部内に取り込み、受諾意識から脱却させることが必要なのである。

　「モノからコトへ」「エコシステム」「IoTでモノとモノをつなげる」のどれもソフトウェアによって成り立つ。日本のモノづくりが世界で再び優位に立つためにソフトウェア設計者の活躍が不可避である。

10.3.3　ハードウェアとソフトウェアの品質感覚ギャップ

　しかし、ここで注意しなければならないことがある。日本製品の優位性の1つは信頼性、つまり壊れにくいことであり、ハードウェア設計者はこの重要性を身をもって経験し理解している。

　これからの製品はソフトウェアの比重が増してくるが、ソフトウェア設計者にはハードウェア設計者と同じレベルの信頼性重視の考えはない。ソフトウェアで問題が発生すると「それは、バグでしょう」と扱い、「アップデートすれば問題ない」で処理する会話をよく聞く。つまり、ソフトウェア設計者は市場に製品が出てからのアップデートによる修正に頼る習慣があり、製品の完成度もそのレベルにあるといえる。

　社内システムなどのソフトウェアだけの製品であれば、これで問題ないかも

しれないが、モノの製品では「アップデートすれば問題ない」というわけにはいかない。人に危害を加える可能性のある自動運転のソフトウェアであれば、そのバグはアップデートで修正するだけでは済まされない。特に、人の命を預かる医療機器や自動車の安全性に関する法律は、一般の家電製品とは比較にならないほど厳しい。

　モノの製品を設計するソフトウェア設計者は、「アップデートすれば問題ない」の感覚であってはならないのである。ユーザーにとって、製品に発生した問題の原因がハードウェアであってもソフトアウェアであっても同じことである。ソフトウェアの信頼性がハードウェアと同じレベルになることができれば、それは日本製品の大きな優位性となるであろう。

10.4　組立メーカーの課題とこれから

10.4.1　日本の組立メーカーの衰退

　昔は、組立メーカーと設計メーカーが 1 つの企業になっている場合がほとんどであった。製品の製造性は、同じ社内にいる設計者と製造技術の担当者が一緒に考えていた。しかし、製品の生産数が増えて組立メーカーの規模が大きくなると、設計メーカーの組立部門は分社化され、自社の製品だけを組み立てる系列の組立メーカーとなっていった。

　2000 年を過ぎると、安い中国製の製品が世界で台頭し始め、コスト競争の時代に突入していった。すると、日本の設計メーカーは、賃金の高い日本の系列の組立メーカーから、賃金の安い中国の組立メーカーに組立作業を移管するようになった。フォックスコン（Foxconn Technology Group：鴻海科技集団）などの組立メーカーに移管したり、中国企業と合弁の組立メーカーを作ってそこに移管したりした。その結果、日本の系列の組立メーカーの仕事はどんどん減少し、最後には倒産することになったのである。

　これには大きな波及効果があった。製品の組立作業の移管に伴って、製品に使われる部品の生産も中国の部品メーカーに移管されていったのである。中国の部品メーカーのほうが部品コストは安く、また部品メーカーは組立メーカーの近くにあったほうが輸送費も安い。難易度が高く高品質の部品以外は中国で調達されるようになり、結果として日本の部品メーカーの仕事もどんどん減少していった。

10.4.2 組立メーカーのこれから

これからの組立メーカーは、IoT・ロボット・AI・画像認識などをいかに有効に活用するかの競争になる。柔らかい材料をつかめるアームロボットとロボットハンド、箱に乱雑に入った部品をアームロボットで適格な方向からつかめる画像認識技術、アームロボットでのコネクターの挿入など、まだ発展途上の技術は多い。日本が個々の技術で世界で優位に立てる製造技術はいくらでもある。

組立メーカーがこれからすべきことは、これらを組み合わせた統合的な生産システムを構築して、**高度な製造技術を持つ製品**として販売することである。この生産システムにのっとって製品を設計すれば、高品質かつ低コストで生産することができるのである。組み立てる製品と生産システムを高度な製造技術で連携する発想である。

すでに、このような生産システムを販売しているメーカーはある。組立メーカーのできることはいくらでもある。

系列下に置かれてきたこれまでの組立メーカーは、営業をしなくても仕事はあったので、営業力と技術力を高めることをあまりしてこなかった。これからの時代は、それでは生き残れない。

10.5 部品メーカーの課題とこれから

10.5.1 製造性で優れる日本の部品メーカー

海外で「Made in Japan」が評価される理由は、その製品の品質にばらつきが少なく安心して購入できるからである。つまり、**日本で作った部品**で**日本で組み立てた製品**が評価されているのである。これは、日本の**製品の製造性**と**部品の製造性**が優秀である証である。

部品の製造性は、**一定のばらつき範囲内で継続的に正しく製造する**ことであり、日本の部品メーカーは中国をはじめとする他国から群を抜いた優れた技術を持っている。手作業の多い部品は、作業者の人種が多種多様であるほど、そのばらつきは大きくなる。中国は歴史的には多民族国家であり、自己判断の強い国民性から、作業のばらつきは大きくなる。一方、日本は概ね単一民族であり周りと同調する国民性から、作業のばらつきは小さくできる。

このように、世界で秀でた日本の部品メーカーであったが、現在は減少の一

途をたどっている。その問題点を次の３つに分けて解説する。

10.5.2　日本の部品メーカーが抱える３つの問題点

⑴　中国に仕事を奪われる

　現在は、特に大量生産の部品は中国をはじめとするアジア諸国に奪われてしまった。組立メーカーが中国に移管されると、そこに部品を納品する部品メーカーも中国の部品メーカーになるからだ。

　高品質の部品や難易度の高い部品、また中国で製品を組み立てるほどでもない小ロット製品の部品は、まだ日本に多く残っている。しかし、組立メーカーの系列となっていた部品メーカーが多いため、積極的に自ら進んで営業をしてこなかった。そのため、小ロットの製品の部品、もしくは高品質の部品の新規開拓がなかなか難しいのである。

⑵　高齢化で弱体化

　懸念されるのは、規模が 10 人程度の部品メーカーにおける社員の高齢化である。製造業は若者の就職先として人気がなく、さらに少子化がこれに拍車をかけている。

　大田区発の共同事業体 IOTA 合同会社など、異業種の部品メーカーが連携して大規模化を図り、受注の間口を広げる動きはあちこちで起きている。しかし、その規模は小さすぎるのが現状である。テルモの痛くない注射針の生産で有名な岡野製作所は、世界レベルの高い技術を持っていたが廃業になってしまった。これが日本の現状である。

⑶　遅れるデジタル化

　小規模で高齢化した部品メーカーは、資金が少なく社内のデジタル化が進んでいない。いまだにパーソナルコンピューターを使えない社員もいると聞く。

　このような衰退の一途をたどる部品メーカーの社内業務を、デジタルシステム化しようとするスタートアップ企業が現在多くある。部品メーカーでは見積業務が大きな負担となっているため、高齢化した社員しかできない属人化された見積業務を、AI で支援するシステムを開発する匠技研工業はその１つである。

10.5.3　部品メーカーのこれから

　以降の 10.6 節「EV 化による製造業の変化」で詳細に解説しているが、自動車業界は EV 化による組立メーカーの分社化によって、3 つの製造業の系列化は崩れていく。そして、複数の部品がモジュール化されることによって、新しい小さな枠組みが多数できると同時に、グローバル化が進む。つまり、日本の部品メーカーは系列から脱して、新たな自動車メーカーやモジュールメーカーと協業する必要があり、さらに国内だけではなく海外メーカーとも協業することも視野に入れる必要がある。そのためにも、少なくともホームページは英語でも作っておきたい。系列を打破して、受注をグローバル化していくしかない。

　そして、SaaS のスタートアップ企業の力を借りながら、社内のデジタルシステム化を行い仕事の効率化を図る。そして部品メーカー同士で連携しバーチャル的に大規模化を図り、異業種とも協業して新たな業態を作ることが必要である。第 9 章「DX とこれからのモノづくり」を参考してほしい。

　部品の製造技術の進歩もめざましい。画像認識、ディープラーニングを用いた AI による不良品の選別技術、また工具の劣化による切削プログラムの自動修正や作業順をモニターでビジュアル的に示してくれる工作機械など、匠の職人でなくてもばらつきの小さい部品を作製できる新しい技術と製品がどんどん登場している。率先して導入し、世界に対する優位性を高めたい。

10.6　EV 化による製造業の変化

10.6.1　生産技術部門を移管するトヨタの決断

　2022 年の 5 月、トヨタが生産技術部門をトヨタ本社から切り離し、系列の組立工場に移管すると発表した。

　生産技術部門とは、自動車を効率よく組み立てるための設備や装置の技術開発をする部門である。つまり、どのように自動車を組み立てるかを決める部門になる。一般の家電製品の生産技術部門は組立メーカーにあることが多いが、自動車部品は 1 点 1 点が大きく重く、多くのロボットや設備が必要であるため、生産設備を十分に配慮して設計しなければならない。よって、生産技術部門は設計者のいるトヨタ本社にあったのである。

　このような中で、生産技術部門を設計者のいる本社から組立工場に移管するとは、自動車の組立方法を組立工場に任せることになる。これには、次の 2 つ

の意味が含まれている。1 つは、EV はモジュール部品が多く使われ組立作業が簡単になるため、中国にあるような自動車専門の組立メーカーに製造を委託する可能性があるという意味である。もう 1 つは、これに伴ってトヨタの組立工場はトヨタ本社から独立して、他の自動車メーカーから受注してもよいという意味である。つまり完全な分社化で、過去の家電業界と同じ流れになっている。系列化にある日本の自動車の部品メーカーにとっては、厳しい環境になってくると同時に、グローバルな観点からは大きなチャンスが訪れるともいえる。

10.6.2　EV 車の部品のモジュール化による、自動車のスマートフォン化

　EV 化により、自動車はスマートフォン化して誰でも簡単に作れる時代になってきたと揶揄されることがあるが、次の観点においてこれは当たっている（図 10.5）。

　時代とともに、自動車を購入するユーザーのニーズは多様化し、自動運転機能の追加など、技術は高度化してきている。すると、既存の自動車メーカーでは設計パワーが不足し、特定の機能を持たせたモジュールの設計と製造を、協力メーカーに委託するようになる。すると、そのモジュールだけなら自社でも作れると、異業種メーカーがグローバルで参入してくる。ギアとモーター、インバーターをモジュール化した e-アクスルはその典型である。

　既成のモジュールを組み込む自動車が増え、自動車の設計と組立てが比較的簡単になってくると、自動車メーカーへの新規参入のハードルが下がると同時に、自動車専門の組立メーカーも新たに登場してくる。すでに中国では、多くの EV メーカーが誕生し、また自動車専門の組立メーカーが台頭してきている。現在の iPhone を生産するフォクスコン・テクノロジー・グループ（電子機器受託生産では世界最大の企業グループ）の自動車版といえる。ちなみに、この企業も EV の組立て計画をすでに表明している。

　自動車の組立メーカーで、異なるメーカーの自動車を組み立てることになると、自動車メーカーはモジュールを他メーカーと共通化してコストダウンを図ろうとする。すると、さらにモジュールの価格は安くなり、さらにこれがどんどん進むと似たような自動車が乱立し、自動車メーカーの競争は激化してくる。この観点からも、自動車がスマートフォン化してきたといえるかもしれない。

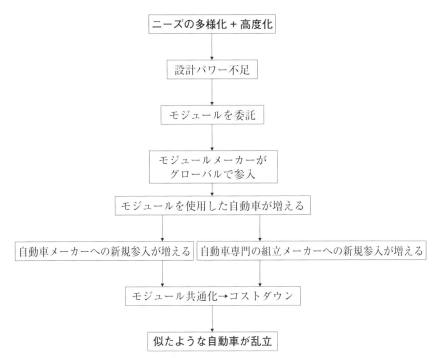

図10.5　自動車部品がモジュール化し、自動車がスマートフォン化する

10.6.3　EV 化による、日本の製造業の生きる道

EV 化が自動車関係の製造業に与える影響のキーワードは、次の3つである。

1)　自動車専門の組立メーカー

2)　部品のモジュール化

3)　自動車は連携モノ

⑴　自動車専門の組立メーカー

自動車の組立メーカーは、自動車メーカーの系列化から外れるために、グローバルで誕生する他の組立メーカーと製造技術で競争しなければならない。IoT・ロボット・AI・画像認識などを駆使した統合的な生産システムを構築して、この製造技術にのっとった設計をすれば、高品質かつ低コストで生産ができるという付加価値を販売しなければならない。

⑵　部品のモジュール化

　自動車の部品メーカーは自動車メーカーの系列化から脱却し、モジュール製品を設計するモジュールメーカーと積極的に連携し、モジュールの構成部品を販売していかなければならない。

　また、自動車メーカーと組立メーカーが世界で多く誕生してくるので、そこにもグローバル的に営業と部品の販売をしていく必要がある。

⑶　自動車は連携モノ

　自動車の設計メーカーは、カーボンニュートラルの観点から、EV に限らない HEV（Hybrid Electric Vehicle）や e-fuel（イーフューエル：CO_2 と再生可能エネルギー由来の H_2 を合成して製造される液体の合成燃料）、水素エンジンを含めた技術開発が第一の課題であろう。それと併せて、自動車と自動車、自転車と他のモノを連携させることによって、自動車の利便性を増すことを考える必要がある。

　また、自動車だけでなくサービス（コト）を併せて提供することによって、今までにない感動をユーザーに体験してもらうことが必要となる。

参考文献

第1章

[1] 「安藤百福クロニクル」、日清食品ホールディングス㈱HP
　　https://www.nissin.com/jp/about/chronicle/

[2] 日本放送協会(NHK)連続テレビ小説「まんぷく」(脚本・福田靖)
　　https://www2.nhk.or.jp/archives/movies/?id=D0009050960_00000

[3] スティーブ・ジョブズ　スタンフォード大学卒業式スピーチ(動画)、2005 年

第3章

[1] ㈱アースダンボールHP
　　https://www.bestcarton.com/cardboard/box/0136.html
　　https://www.bestcarton.com/beginner/mirapuri2.html

[2] 「PDラベル」、㈱中川製作所HP
　　https://www.nakagawa-mfg.co.jp/product/label/pd-label/

第4章

[1] 「一般筆記用から製図用まで、多様なラインナップ」、ステッドラー日本㈱HP
　　https://www.staedtler.jp/products/era.html

[2] 「直流安定化電源」、㈱カスタムHP
　　https://www.kk-custom.co.jp/industrial/DPS-3003.html

[3] 「防水性能評価とは」、日東工業㈱HP
　　https://www.nito.co.jp/research-test/waterproof/

[4] 「電気サーボモータ式包装貨物用振動試験システム」、国際計測器㈱HP
　　http://www.kokusaikk.co.jp/product/tester/vibration/packaged-cargo.html

[5] 「安心と信頼の富士通品質」、富士通クライアントコンピューティング㈱HP
　　https://www.fmworld.net/fmv/quality/

第6章

[1] 「藤本の技術とこだわり」、藤本工業㈱HP
　　http://www.fujimoto-deburring.co.jp/service/

[2] 「精密板金曲げ加工で発生する穴変形の防止」、㈱平出精密HP
　　https://www.hiraide.co.jp/solution/852/

[3] 「大物樹脂加工にノウハウ」、㈱技巧HP
　　http://www.gikou.jp/complexity/

参考文献

[4] 「 2.MCナイロン｜粗削り工具の検証」、㈱マクロスHP
https://www.macros-cad.co.jp/jirei/mdx5.html
[5] 「3Dプリンター造形品〜リザーブタンク編〜」、㈱佐津川モールドHP
https://www.satsukawa-mold.co.jp/blog/index10.html
[6] 「加工事例」、㈱ニットーHP
https://nitto-i.com/blog/20161018_3189/
[7] ㈱エムアイ精巧HP
https://mi-seiko.com/characteristic/category/aperture-processing

第7章
[1] 「主要取扱い金型」、池上金型工業㈱HP
https://www.ikegami-mold.co.jp/modules/contents/seimitu.html

第8章
[1] 「精密板金加工のバーリングと活用事例」、㈱平出精密HP
https://www.hiraide.co.jp/solution/1355/

第10章
[1] 「品目別輸出額の推移」、「財務省貿易統計」
https://www.customs.go.jp/toukei/suii/html/data/y2.pdf
[2] ［ヒューマンリソシア調査］2022年度版：データで見る世界のITエンジニアレ
ポートvol.5、ヒューマンリソシア㈱HP、2022年12月13日
https://corporate.resocia.jp/info/news/2022/20221213_itreport05

索　引

著者紹介

小田　淳（おだ あつし）

オリジナル製品化／中国モノづくり支援　ロジカル・エンジニアリング代表

経歴など

1983年 上智大学 理工学部 機械工学科 卒業
1987年 ソニー㈱プロジェクター、モニターの設計者
2017年 ロジ設立。コンサルタント、研修講師、講演などに従事
2023年 ロジをロジカル・エンジニアリングに改称

　製品化の壁を越えられずにいるベンチャー企業が、製品化を断念したりに遠回りしたりしないために、ソニーで培った基本的な製品設計の方法をお伝えする。またこれに併せて、中国およびアジア圏で不良品を出さない方法、また海外メーカーとのやり取りの方法もお伝えする。自社製品を企画・設計し、グローバルに生産できる企業を日本に多く作ることを志とする。

主な執筆記事
雑誌
- 「中国工場の歩き方～設計編～」、『日経ものづくり』（日経BP、2019年2月より全22回連載）
- 「不良品トラブルをなくす　中国部品メーカーのトリセツ」、『機械設計』（日刊工業新聞社、2019年7月より全18回連載）
- 「アイデア品の販売をしたい！製品化プロセスのイロハ」、『機械設計』（日刊工業新聞社、2021年4月より全13回連載）

Webサイト
- 「『中国、ゴメン』日本人設計者反省日記」、『日経XTECH（クロステック）』（日経BP、2019年1月より全20回連載）
- 「リモート時代の中国モノづくり、品質不良をどう回避する？」、『MONOist』（ITmedia、2022年4月より全10回連載）
- 「アイデアを『製品化』する方法、ズバリ教えます！」、『MONOist』（ITmedia、2020年11月より全12回連載）

著書
『中国工場トラブル回避術』（日経BP、2020年）

ご挨拶とご案内

　最後までお読みいただき、誠にありがとうございました。みなさまの中で、製品設計や中国生産に関してお困りの方がいらっしゃいましたら、5名／月限定で定期開会中のZoomセミナーと出版記念講演にご招待いたします。是非、下記のURL、QRコードからご連絡ください。

https://roji.global/seihinka-tokuten/

製品化　5つの壁の越え方
自社オリジナル製品を作るための教科書

2023 年 6 月 30 日　　第 1 刷発行

著　者　小田　　淳

発行人　戸羽　節文

発行所　株式会社 日科技連出版社

〒 151-0051　東京都渋谷区千駄ケ谷 5-15-5
DS ビル

電　話　出版　03-5379-1244
営業　03-5379-1238

検　印
省　略

Printed in Japan

印刷・製本　壮光舎印刷

© Atsushi Oda 2023
ISBN 978-4-8171-9781-8
URL https://www.juse-p.co.jp/

　本書の全部または一部を無断でコピー、スキャン、デジタル化などの複製をすることは、著作権法上での例外を除き禁じられています。本書を代行業者等の第三者に依頼してスキャンやデジタル化することは、たとえ個人や家庭内での利用でも著作権法違反です。